AF369763

LE

CABINET

DU JEUNE

Naturaliste.

Metz. — Imprimerie D'E. HADAMARD.

LE CABINET
DU JEUNE
NATURALISTE,

OU
TABLEAUX INTÉRESSANS

DE L'HISTOIRE DES ANIMAUX;

OFFRANT LA DESCRIPTION

De la nature, des mœurs et habitudes des Quadrupèdes, Oiseaux, Poissons, Amphibies, Reptiles, etc., les plus remarquables du monde connu, et classés dans un ordre systématique :

Ouvrage enrichi de soixante-cinq belles gravures;
TRADUIT DE L'ANGLAIS,

DE M. Thomas SMITH.

QUATRIÈME ÉDITION,

Revue, corrigée, et augmentée d'un grand nombre d'anecdotes inédites et des plus curieuses,

PAR A. ANTOINE (DE Saint-Gervais),
AUTEUR DES ANIMAUX CÉLÈBRES.

TOME QUATRIÈME.

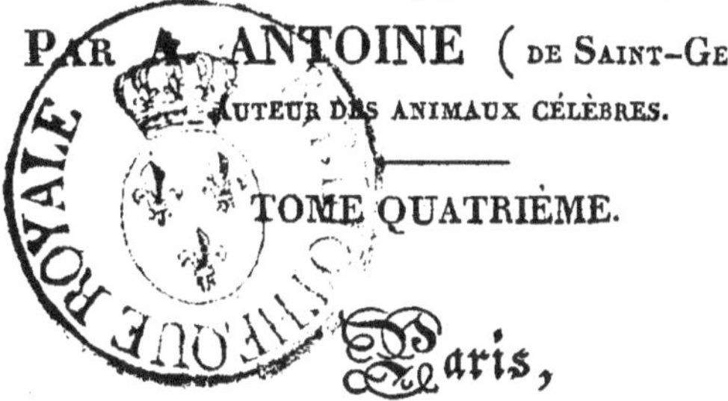

Paris,

A LA LIBRAIRIE POUR LA JEUNESSE,

DE **F. BELLAVOINE**, Libraire-éditeur,
Quai des Augustins, n°. 37.

1830.

LE CABINET

DU

JEUNE NATURALISTE.

CHAPITRE I.

LE COQ.

INTRODUCTION.

Ce brave et majestueux oiseau, dans son état actuel de domesticité, diffère tellement de son origine sauvage, qu'il serait difficile de démêler quelle est précisément sa souche primitive. Suivant les récits de plusieurs voyageurs, on le trouve encore dans l'état de nature dans les forêts et dans quelques îles des mers de l'Inde. Sonnini assure qu'il a vu des coqs sauvages dans les forêts immenses qui couvrent l'intérieur de la Guiane, et dont plusieurs particularités prouvaient qu'ils appartiennent à ce climat et ne descendent point des oiseaux de la même espèce apportés de l'ancien continent.

Le coq a l'air noble et animé : sa tête est petite, et ornée d'une belle crête rouge et charnue ; ses yeux sont pleins de feu, et tous ses mouvemens sont libres et fiers, les plumes du cou sont longues et tombent avec grâce sur le corps, qui est épais, ferme et compacte ; sa queue est longue, et les deux plumes du milieu, plus grandes que les autres, se recourbent en arc ; ses jambes sont fortes et armées d'éperons, aigus, avec lesquels il attaque et se défend. S'il aperçoit un rival ou un ennemi, il accourt, l'œil en feu, les plumes hérissées, et lui livre un combat opiniâtre, jusqu'à ce que l'un ou l'autre succombe, ou que le nouveau venu lui cède le champ de bataille. Enfin il se rend toujours le maître de la basse-cour.

« Je fus témoin, dit M. de Buffon, d'une singulière scène : un faucon descendit au milieu d'une basse-cour nombreuse ; un jeune coq de l'année courut à lui et le renversa sur le dos. Dans cette situation le faucon se défendait avec ses talons et son bec, et il intimidait les poules et les dindons : lorsqu'il se fut un peu remis, il se releva, et allait s'envoler ; mais le coq s'élançant sur lui pour la seconde fois, le renversa, et le tint si long-temps à terre, qu'on eut le loisir de le prendre. »

Le coq a beaucoup de soin et même d'inquiétude et de souci pour ses poules; il ne les perd guère de vue; il les conduit, les défend, les menace, va chercher celles qui s'écartent, les ramène, et ne se livre au plaisir de manger que lorsqu'il les voit toutes réunies autour de lui. Sa jalousie est égale à sa tendresse, et l'aspect d'un coq étranger dans son domaine, est le signal d'une bataille. Cette jalousie ne se borne pas seulement à ses rivaux : on a observé qu'il en faisait quelquefois ressentir les effets à sa femelle bien aimée, et même il paraît capable d'un certain degré de réflexion à l'égard de son infidélité conjugale. Un trait singulier raconté par le docteur Percival dans ses dissertations, confirme cette remarque : « Un gentilhomme à qui un paysan avait apporté quatorze œufs de perdrix pris dans le même nid, ordonna qu'on les mît sous une belle poule, en lui ôtant les siens. Ils furent éclos en vingt-deux jours, et la poule éleva parfaitement bien les petits pendant cinq ou six semaines : on les avait mis dans une cour à part, afin que le reste de la volaille ne les vît pas. La porte s'étant ouverte par hasard, le coq entra dans cette cour ; la fille qui en avait la surveillance , entendant sa poule jeter des cris de détresse , courut à son secours , mais elle n'arriva pas assez à temps pour lui sauver la vie ; le coq l'ayant trouvée avec sa couvée de perdreaux , était tombé sur elle avec fureur, et l'avait tuée. Il n'y avait cependant pas long-temps que cette poule était sa première favorite. »

Les variétés de cette espèce sont infinies ; presque chaque pays en produit une différente. Celles qu'on élève le plus en Angleterre sont les suivantes :

Le *coq de Hambourg* : il est d'une grande espèce , et très-estimé pour la table ; on l'appelle aussi *culotte de velours* , parce qu'il a les cuisses et le ventre d'un noir velouté.

Le *bantam* ou *coq nain* : cette espèce nous vient de Bantam dans l'Inde. Ce coq a les jambes couvertes de longues plumes qui tombent jusqu'à terre ; il est très-courageux , et se bat hardiment contre des coqs beaucoup plus forts que lui.

Le *coq frisé* , dont les plumes se renversent en dehors : il est originaire des parties méridionales de l'Asie , et c'est sans doute pour cette raison qu'il est extrêmement sensible au froid étant jeune. Il n'est pas beau , mais il est en grande réputation pour la table.

Le *coq huppé* : il ne diffère du coq commun

que par une touffe de plumes qui s'élève sur sa tête, et il a ordinairement la crète plus petite : la race des poules huppées est celle que les curieux ont le plus cultivé, et, comme il arrive à toutes les choses qu'on regarde de très-près, ils y ont remarqué un grand nombre de différences, surtout dans les couleurs du plumage, d'après lesquelles ils ont formé une multitude de races diverses, qu'ils estiment d'autant plus, que leurs couleurs sont plus belles et plus rares. Quelques individus de cette espèce n'ont point de crête, et ont en général les jambes plus longues. Sonnini dit qu'il en a vu dans la Thébaïde qui étaient d'une grande taille, ayant les jambes fortes et longues, une belle touffe de plumes sur la tête et le plumage élégant ; ils sont très-estimés en Egypte à cause de la bonté de leur chair.

Le *coq d'Angleterre* est supérieur à celui des autres nations par son courage invincible, et, pour cette raison, on l'emploie au spectacle barbare du combat de deux coqs l'un contre l'autre. Pour avoir l'origine de cette coutume, nous allons remonter à l'antiquité, et nous gémirons de ce qu'elle subsiste encore dans un pays chrétien.

Thémistocle, ce célèbre capitaine athénien, marchant contre les Perses, qui avaient envahi la Grèce, et voyant le peu d'ardeur que manifes-

taient ses soldats , leur fit remarquer l'acharnement que les coqs mettaient dans leurs combats.
« Contemplez , leur dit-il , le courage invincible
de ces animaux ; ils n'ont pourtant d'autre motif
que l'amour de la gloire , tandis que vous com-
battez pour vos foyers , pour les tombeaux de vos
pères , pour votre liberté ! » Cette courte harangue
ranima le courage affaibli de l'armée , et Thémistocle remporta la victoire. En mémoire de cet
événement , les Athéniens instituèrent une fête ,
qui était célébrée tous les ans par des combats de
coqs. Ils enseignèrent ensuite aux Romains cette
espèce de jeu , et ce peuple guerrier fut le premier qui l'introduisit en Angleterre. Henri VIII
aimait tellement ce spectacle , qu'il fit bâtir une
maison commode pour cela ; et , quoique maintenant son usage soit différent , elle en a toujours
gardé le nom de *cock pit* , lieu de combat pour
les coqs.

Le fait suivant, qui eut lieu au mois d'avril de
l'année 1789 , prouve jusqu'à quel point ce jeu
barbare peut abrutir l'esprit. M. Ardesoif , de
Tottenham , jeune homme très-riche , avait la
passion des combats de coqs : il en possédait un
qui avait remporté nombre de victoires; mais un
jour, ayant été vaincu, son maître en devint si
furieux , qu'il ordonna qu'on embrochât l'oiseau

et qu'on le fît rôtir devant un grand feu. Les cris du malheureux animal étaient si déchirans , que plusieurs gentilshommes , qui se trouvaient là , essayèrent de s'opposer à cette barbarie ; mais le jeune homme , furieux , saisit un *poker* (1) , en déclarant qu'il tuerait la première personne qui se mêlerait de cette affaire. Au milieu de ces horribles protestations , l'auteur inhumain de cette action révoltante tomba sans sentiment sur la terre ; on le releva , il était mort. Leçon utile pour ceux qui ont la passion de ce jeu , et en général pour tous les joueurs !

Parmi ceux qui prennent plaisir à ce divertissement cruel , il en est cependant qui ne sont pas dépourvus d'humanité : on en peut juger par le trait suivant d'un homme de la classe du peuple. Nicolas Cannon avait un coq de combat nommé *Trumpeter*, qui avait constamment triomphé des adversaires avec lesquels il s'était mesuré. Par malheur , il se cassa une jambe dans une ratière. Cannon , extrêmement attaché à son héroïque oiseau , entreprit de lui sauver au moins la vie : il trancha la partie cassée , banda la jambe avec soin , et établissant son oiseau le plus

---

(1) Morceau de fer qui sert à tisonner le feu.

commodément qu'il pût, il le nourrit pendant cinq semaines. Au bout de ce temps, il leva le bandage, et trouva la blessure cicatrisée. Il eut l'adresse de faire un pied et une jambe de bois qu'il attacha au membre amputé. Par ce moyen, le coq se promène encore fièrement dans sa basse-cour, à Cantorbéry, où il inspire la terreur et l'effroi à tous ses rivaux.

Dans l'île de Sumatra, la passion pour les combats de coqs est portée si loin, qu'on en fait plutôt une occupation sérieuse qu'un amusement. Un homme ne voyage presque jamais dans ce pays sans porter un coq sous le bras. Les naturels du pays arment l'une des jambes de ces oiseaux d'un instrument de la forme d'un cimeterre, dont ils se servent très-adroitement. Ces combats donnent lieu à de fortes gageures; on voit quelquefois un homme donner pour enjeu sa femme ou sa fille. On nomme quatre arbitres pour décider de quel côté est la victoire; et s'ils ne s'accordent pas, on n'a plus recours qu'à l'épée. Quelques-uns croient que leurs coqs sont invulnérables; et c'est dans cette persuasion qu'un père, étant sur son lit de mort, ordonna à son fils d'abandonner son bien à l'un de ces oiseaux, afin de le conserver.

La poule est très-féconde; elle pond ordinairement deux œufs en trois jours, et continue ainsi

pendant la plus grande partie de l'année, excepté
au temps de la mue, qui dure environ deux mois.
Lorsqu'elle a vingt-cinq ou trente œufs, elle se
prépare à la tâche pénible de l'incubation , et y
montre une patience et une persévérance vérita-
blement extraordinaires. Une poule qui couve est
l'emblème touchant de la tendresse et de la sollicitude maternelle; elle couvre ses œufs de ses ailes,
et les retourne doucement, afin qu'ils soient pé-
nétrés de tous côtés du même degré de chaleur.
On dirait qu'elle comprend toute l'importance de
la fonction qu'elle exerce; elle y donne tellement
sont attention, qu'elle en oublie presque le boire
et le manger. Au bout de trois semaines, les petits
sortent de la coquille, et la poule, jusque-là pol-
trone et vorace, devient, pour protéger ses petits,
le plus sobre et le plus hardi de tous les animaux.

Afin de ne pas empêcher la poule de pondre,
on a imaginé plusieurs moyens d'élever ses petits
sans son secours; voici celui qui réussit le mieux,
quoiqu'il soit le plus cruel. On prend un chapon
à qui on arrache les plumes de la poitrine; on
frotte ensuite avec des orties les parties nues, on
le met alors sur les poulets ; le frottement de leurs
corps contre sa poitrine le soulage tellement, que
bientôt il s'y attache, les adopte, les nourrit comme

le ferait une poule, et a pour eux les soins assidus d'une tendre mère.

Depuis long-temps on a trouvé en Égypte le moyen de faire éclore des œufs de poule par une chaleur artificielle ; maintenant les habitans d'un village nommé Berme, et ceux du voisinage, tirent partie de cette méthode. Au commencement de l'automne, ils se répandent dans tout le pays , et chacun d'eux entreprend la direction d'un four. Ces fours sont de différentes grandeurs, pouvant contenir depuis quarante jusqu'à quatre-vingt mille œufs. Le nombre de fours est de trois mille quatre-vingt-six : ils sont en activité pendant six mois ; et comme chaque couvée est vingt et un jours pour éclore, chaque four peut aisément produire huit couvées de poulets dans l'année. Les fours où l'on place ces œufs sont de la construction la plus simple ; c'est une espèce de petite chambre voûtée, bâtie en argile, dans laquelle il y a deux rangées de tablettes où les œufs sont disposés de manière à ne pas se toucher. On les retourne doucement cinq ou six fois en vingt-quatre heures. On prend tout le soin possible pour que la chaleur soit égale partout. Pendant les premiers huit jours, la chaleur est très-forte ; ensuite on la diminue ; et lorsque les petits sont près d'éclore, on la réduit presque à celle de l'atmosphère. Au bout de huit jours, on peut voir quels sont les œufs qui produiront.

Chaque personne chargée de la direction d'un four doit rendre à celui qui l'a employée les deux tiers de poulets sur la quantité d'œufs qui lui a été donnée; elle gagne souvent à ce marché, car il est rare qu'il y ait un tiers d'œufs clairs. On a calculé que les fours d'Égypte donnaient annuellement la vie à plus de cent millions de poulets.

L'ingénieux M. de Réaumur a introduit en France cette manière utile et avantageuse de faire éclore des œufs. Après beaucoup d'expériences, il a réduit cet art à de certains principes. Il a trouvé que le même degré de chaleur pouvait servir aux œufs de tous les oiseaux domestiques : la seule différence consiste dans la durée du temps : pour le canari, onze ou douze jours suffisent, tandis qu'il en faut vingt ou vingt-huit pour le dindon. Il a trouvé aussi que les poêles, chauffés de la même manière que les fourneaux de boulangers ou de verreries, étaient plus convenables que ceux qu'on échauffe avec du fumier, comme c'est la méthode en Égypte. Lorsque les œufs sont éclos, on met les petits dans une boîte ouverte de deux côtés et doublée de fourrure, dont la chaleur remplace celle de la poule; on garde ces poulets dans une chambre chaude, jusqu'à ce qu'ils soient assez forts pour pouvoir, sans inconvénient, être exposés au grand air dans la basse-cour. Après être éclos, ils demeurent ordinairement un jour entier sans prendre de nourriture; on leur donne de la mie de pain le deuxième et le troisième jour; ensuite ils peuvent se nourrir eux-mêmes d'insectes et de grains. Mais pour éviter l'embarras de les soigner, on enseigne à des chapons à les surveiller; ce qu'ils font aussi-bien qu'une poule. M. de Réaumur dit qu'il a vu plus de deux cents poulets conduits et dirigés seulement par trois ou quatre chapons. On assure même que les coqs peuvent remplir cet emploi.

La chaleur du corps humain peut aussi faire éclore des œufs. Livie, dame romaine de distinction, étant grosse, eut envie de couver un œuf dans son sein, afin d'augurer le sexe de son enfant, d'après celui du poulet qu'il produirait : le poulet fut mâle et l'enfant aussi. Ce que Livie exécuta pour satisfaire sa curiosité fut entrepris, dans l'année 1706, par une jeune dame de Barre, dans l'intention de donner à son tuteur un mets délicat. Cette jeune dame (dont la gazette intitulée, *la Clef du cabinet,* dans laquelle est rapporté ce fait, loue beaucoup la raison, la vertu et la piété) se déclara malade au point de garder le lit. Pendant ce temps, elle essaya de faire éclore par la chaleur de son corps, un œuf de dindon; elle y réussit, prit un soin particulier de l'oiseau, qui lui dut la vie et la mort; car elle le tua lorsqu'il eut atteint le poids de sept livres, et le servit à son tuteur, qui avoua qu'il n'avait jamais rien mangé d'aussi exquis.

L'expérience suivante, dont il est parlé dans l'Histoire naturelle de M. de Buffon, est trop singulière pour être omise. Elle consiste à couper la crête d'un poulet, et à y substituer un de ses éperons naissans, qui ne sont encore que de petits boutons; ces éperons ainsi entés, prennent peu à peu racine dans les chairs, en tirent de la nourriture, et croissent souvent plus qu'ils n'eussent fait dans le lieu de leur origine; on en a vu qui avaient deux pouces et demi de longueur, et plus de trois lignes et demie de diamètre à la base; quelquefois, en croissant, ils se recourbent comme les cornes de bélier; d'autres fois ils se renversent comme celles des boucs.

Les progrès de l'incubation du poulet sont, tout à la fois, curieux et intéressans. Dès que l'œuf a été couvé pendant cinq ou six heures, on voit déjà distinctement la tête du jeune poulet jointe à l'épine du dos, nageant dans la liqueur dont la bulle, qui est au centre de la cicatricule, est remplie; sur la fin du premier jour, la tête s'est déjà recourbée en grossissant.

Dès le second jour, on voit les premières ébauches des vertèbres, qui sont comme de petits globules disposés des deux côtés du milieu de l'épine ; on voit aussi paraître le commencement des ailes et les vaisseaux ombilicaux, remarquables par leur couleur obscure : le cou et la poitrine se débrouillent, la tête grossit toujours : on y aperçoit les premiers linéamens des yeux, et trois vésicules entourées, ainsi que l'épine, de membranes transparentes : la vie du fœtus devient plus manifeste, déjà l'on voit son cœur battre et son sang circuler.

Le troisième jour tout est plus distinct, parce que tout a grossi : ce qu'il y a de plus remarquable, c'est le cœur qui pend hors de la poitrine, et bat trois fois de suite, une fois en retenant par l'oreillette le sang contenu dans les veines ; une seconde fois en le renvoyant aux artères ; et la troisième fois en le poussant dans les vaisseaux ombilicaux ; et ce mouvement continue encore vingt-quatre heures après que l'embryon a été séparé du blanc de son œuf. On aperçoit aussi des veines et des artères sur les vésicules du cerveau ; les rudimens de la moëlle de l'épine commencent à s'étendre le long des vertèbres : enfin on voit tout le corps du fœtus comme enveloppé dans une partie de la liqueur environnante, qui a pris plus de consistance que le reste.

Les yeux sont déjà fort avancés le quatrième jour ; on y reconnaît très-bien la prunelle, le cristallin, l'humeur vitrée : on voit, outre cela, dans la tête, cinq vésicules remplies d'humeur, qui, se rapprochant et se recouvrant peu à peu les jours suivans, forment enfin le cerveau enveloppé de toutes ses membranes ; les ailes croissent, les cuisses commencent à paraître, et le corps à prendre de la chair.

Les progrès du cinquième jour consistent, outre ce qui vient d'être dit, en ce que tout le corps se recouvre d'une chair onctueuse ; que le cœur est retenu au dedans par une membrane fort mince, qui s'étend sur la capacité de la poitrine, et que l'on voit les vaisseaux ombilicaux sortir de l'abdomen.

Le sixième jour , la moëlle de l'épine s'étant divisée en deux parties, continue de s'avancer le long du tronc ; le foie, qui était blanchâtre auparavant, est devenu de couleur obscure ; le cœur bat dans ses deux ventricules ; le corps du poulet est recouvert de sa peau, et sur cette peau l'on voit déjà poindre les plumes.

Le bec est facile à distinguer le septième jour ; le cerveau, les ailes, les cuisses et les pieds ont acquis leur figure parfaite ; les deux ventricules du cœur paraissent comme deux bulles contigues et réunies par leur partie supérieure avec le corps des oreillettes ; on remarque deux mouvemens successifs dans les ventricules , aussi-bien que dans les oreillettes ; ce sont comme deux cœurs séparés.

Le poumon paraît à la fin du neuvième jour , et sa couleur est blanchâtre , le dixième jour , les muscles des ailes achèvent de se former , les plumes continuent de sortir ; et ce n'est qu'au onzième jour qu'on voit s'y attacher des artères , qui auparavant étaient éloignées du cœur, et que cet organe se trouve parfaitement conforme et réuni en deux ventricules.

Le reste n'est qu'un développement plus grand des parties , qui se fait jusqu'à ce que le poulet casse sa coquille ; ce qui arrive ordinairement le vingt-unième jour , quelquefois le dix-huitième , d'autres fois le vingt-septième.

LE TÉTRAS ou LE GRAND COQ DE BRUYÈRE.

CET oiseau est de la grosseur d'un dindon, et pèse ordinairement quatorze ou quinze livres. La tête et le cou sont cendrés, rayés de noir ; le corps et les ailes noisette foncée, et la poitrine est d'un beau vert noir. Les jambes sont fortes et couvertes de plumes brunes. La femelle est beaucoup plus petite que le mâle, et son plumage est très-différent : elle a la gorge rouge ; la tête, le cou et le dos rayés de rouge et de noir, le ventre bigarré d'orange et de noir, et le bout des plumes blanc. Enfin elle diffère tellement du mâle, qu'on croirait qu'elle appartient à une autre espèce.

Le tétras habite communément les bois qui couronnent le sommet des hautes montagnes. En hiver il s'y retire, et en été il sort de sa retraite pour aller faire quelques dégâts chez les fermiers ; mais, dans ces excursions, il n'oublie point le danger qu'il court, et se tient toujours sur ses gardes. Aussi est-il très-difficile de le prendre par surprise ; on n'y parvient guère qu'en le poursuivant dans ses retraites. C'est ordinairement en automne qu'on le chasse : il est très-recherché pour la délicatesse de sa chair.

Dans la forêt, le tétras s'attache principalement au chêne et au pin : les branches touffus du premier lui servent de retraite, et les pommes du dernier de nourriture; il se nourrit aussi de mûres sauvages, et l'on trouve dans son gésier de petits cailloux semblables à ceux que l'on voit dans le gésier de la volaille ordinaire; ce qui prouve qu'il vit encore des grains qu'il trouve en grattant la terre.

La saison de l'amour, pour le tétras, commence aux premiers jours de février, et dure jusqu'à la pousse des feuilles. Pendant ce temps, chaque coq se tient dans un certain canton, d'où il ne s'éloigne pas; on le voit alors, soir et matin, se promenant sur le tronc d'un gros pin ou d'un autre arbre, ayant la queue étalée en rond, les ailes traînantes, le cou porté en avant, la tête enflée, sans doute par le redressement de ses plumes, et prenant toutes sortes de postures extraordinaires. Il a un cri particulier pour appeler ses femelles, qui lui répondent, et accourent sous l'arbre où il se tient, et d'où il descend bientôt pour aller à elles. Le cri qu'il fait entendre alors, commence par une espèce d'explosion, suivie d'une voix aigre et perçante, semblable au cri d'une faux qu'on aiguise : cette voix cesse et recommence alternativement ; et, après avoir ainsi continué à plusieurs reprises pendant une heure environ, elle finit par une explosion semblable à la première.

Le tétras, qui dans tout autre temps est fort difficile à approcher, se laisse surprendre aisément dans sa saison d'amour, et surtout tandis qu'il fait entendre son cri de rappel, il est alors si étourdi du bruit qu'il fait lui-même, ou si l'on veut, tellement enivré, que ni la vue d'un homme, ni même les coups de fusil, ne le déterminent à prendre sa volée. On dirait qu'il est sourd et aveugle. On ne sait pas précisément combien de femelles se rendent au cri du tétras, mais en général un seul mâle suffit pour toutes les femelles qui habitent la même partie de forêt que lui.

La femelle du tétras pond ordinairement six ou sept œufs blancs, marquetés de jaune et de la grosseur de ceux de la poule ordinaire ; elle les dépose sur la mousse, en un lieu sec, où elle les couve seule et sans être aidée par le mâle ; lorsqu'elle est obligée de les quitter pour aller chercher sa nourriture, elle les cache sous les feuilles avec grand soin, et quoiqu'elle soit d'un naturel très-sauvage, si on l'approche tandis qu'elle est sur ses œufs, elle reste, et ne les abandonne que très-difficilement, l'amour de la couvée l'emportant en cette occasion sur la crainte du danger.

Dès que les petits sont éclos, ils se mettent à courir avec beaucoup de légèreté ; ils courent même avant d'être entièrement débarrassés de leur coquille. La mère les conduit avec beaucoup de sollicitude et d'affection ; elle les promène dans les bois, où ils se nourrissent d'œufs de fourmis, de mûres sauvages, etc. Ces oiseaux s'élèvent facilement, et sont très-vigoureux ; il y en aurait sans doute une grande abondance si le nombre n'en était diminué par les oiseaux de proie, et plus encore par leurs querelles de rivalité.

La famille demeure unie tout le reste de l'année, jusqu'à ce que la saison de l'amour, leur donnant de nouveaux besoins et de nouveaux intérêts, les disperse, et surtout les mâles qui aiment à vivre séparément.

LE COQ DE BRUYÈRE A FRAISE.

La grosseur de cet oiseau est entre celle du faisan et de la perdrix. Le bec est brun; tout le dessus du corps, y compris la tête, la queue et les ailes, est émaillé de différentes couleurs brunes, plus ou moins claires, d'orangé et de noir. La gorge est d'un orangé brillant, quoique un peu foncé; l'estomac, le ventre et les cuisses ont des taches noires en forme de croissant, distribuées avec régularité sur un fond blanc. Il a sur la tête et autour du cou de longues plumes dont il peut, en les redressant à son gré, se former une huppe et une sorte de fraise; ses pieds sont garnis de plumes, et ses doigts dentelés sur les bords comme ceux des tétras. Le bec, les doigts et les ongles sont d'un brun rougeâtres.

Cet oiseau, lorsqu'il est en gaîté, relève les plumes de sa queue en faisant la roue; il accompagne cette action d'un bruit sourd et d'un bourdonnement semblable à celui du coq d'Inde. Il a, de plus, pour rappeler sa femelle, un battement d'ailes très-singulier et assez fort pour se faire entendre à un demi-mille de distance par un temps calme; il se plaît à cet exercice au printemps et en automne, et il le répète tous les jours à des heures réglées, savoir : à neuf heures du matin et sur les quatre heures du soir, mais toujours étant posé sur un tronc d'arbre sec. Lorsqu'il commence, il met d'abord un intervalle d'environ deux secondes entre chaque battement, puis accélérant la vitesse par degrés, les coups se succèdent à la fin avec tant de rapidité, qu'ils ne font plus qu'un petit bruit continu, semblable à celui d'un tambour, d'autres disent d'un tonnerre éloigné; ce bruit dure environ une minute et recommence par les mêmes gradations, après sept ou huit minutes de repos. C'est souvent pour ces oiseaux un signal de destruction; car les chasseurs, avertis par ce bruit, s'approchent de l'oiseau sans être aperçus, et saisissent le moment de cette espèce de convulsion pour le tirer à coup sûr : je dis sans en être aperçus, car dès que cet oiseau voit un homme, il s'arrête aussitôt, fût-il dans la plus grande violence de son mouvement, et s'envole à trois ou quatre cents pas.

La femelle pond de douze à seize œufs; elle fait son nid à terre avec des feuilles, ou à côté d'un tronc sec couché par terre, ou au pied d'un arbre debout. Elle a fort à cœur la conservation de ses petits; elle s'expose à tout pour les défendre, et cherche à attirer sur elle-même les dangers qui les menacent; ses petits, de leur côté, savent se cacher très-finement dans les feuilles; mais tout cela n'empêche pas que les oiseaux de proie n'en détruisent beaucoup.

Ces oiseaux n'ont encore été trouvés que dans le nouveau continent; ils sont communs dans le Maryland et la Pensylvanie. Ils se nourrissent de grains, de fruits, de raisins, et surtout de baies, de lierre; ce qui est remarquable, parce que ces baies sont un poison pour plusieurs animaux.

LE PETIT TÉTRAS ou COQ DE BRUYERE A QUEUE FOURCHUE.

Le plumage de cet oiseau est entièrement noir; sa queue est fourchue, non-seulement parce que les pennes ou grandes plumes du milieu sont plus courtes que les extérieures, mais encore parce que celles-ci se recourbent en dehors. Le mâle pèse ordinairement quatre livres, et la femelle, qui est moitié plus petite, n'en pèse que deux. Ces oiseaux étaient autrefois très-communs dans le nord de l'Angleterre; ils sont maintenant devenus très-rares. Cette disparition a plusieurs causes; mais les principales sont les progrès qu'on a faits dans l'art de les chasser, et l'emploi des terres désertes. Il y en a encore quelques-uns dans différentes parties de la nouvelle forêt dans le Hampshire, qu'on y conserve pour la chasse du roi, et ils sont toujours exceptés dans les permissions qu'on donne pour chasser. Ces oiseaux habitent principalement les montagnes et les bois.

Leur nourriture est très-variée; elle consiste surtout dans les fruits et les baies de montagnes, et l'hiver dans les sommités de bruyère; il est assez remarquable que les pois et les cerises leur sont funestes. Ils se perchent sur les arbres, de la même manière que le faisan. Au printemps, les mâles se placent sur un arbre, d'où ils appellent les femelles en criant et en battant des ailes comme le grand tétras.

La femelle pond six ou huit œufs, d'un blanc jaunâtre, marquetés de petites taches ferrugineuses; elle les dépose sur la terre, où elle forme grossièrement une espèce de nid. Les petits éclosent vers la fin de l'été; les jeunes mâles quittent le père et la mère au commencement de l'hiver, et on les voit au printemps par troupes de sept ou huit.

Ces oiseaux peuvent vivre et même engraisser dans les ménageries ; mais on ne les y voit jamais couver. Cependant, en Suède, on a quelquefois obtenu une race croisée d'un mâle avec une poule commune.

Dans la Russie, la Norwège et quelques autres pays septentrionaux, on prétend que le petit tétras se retire sous la neige pendant l'hiver. Voici la manière dont on le chasse en Russie : on bâtit dans les bois fréquentés par ces oiseaux, de petites huttes, auxquelles on ménage plusieurs trous ; on place sur les arbres, qui sont vis-à-vis ces huttes, des oiseaux artificiels pour attirer les tétras. Les chasseurs, cachés dans les huttes, tirent dessus à travers les trous ; tant que ces oiseaux ne les voient pas, le bruit des armes à feu ne les fait point enfuir. On peut en tuer plusieurs sur le même arbre, car il y en a souvent trois ou quatre perchés l'un au-dessus de l'autre : celui qui est au-dessus voit tomber ses compagnons, et gémit sur leur sort, sans soupçonner qu'il lui est aussi réservé, et par conséquent sans chercher à l'éviter.

Pendant l'hiver, les habitans de la Sibérie prennent ces oiseaux de la manière suivante : ils attachent quelques épis de blé autour de longs bâtons, qu'ils posent horizontalement sur les branches fourchues d'un arbre ; à une petite distance,

ils placent de grands paniers, d'une forme coni-
ques, ouverts du côté large : au milieu de cette
ouverture est une petite roue, à travers laquelle
passe un axe fixé de manière qu'aussitôt qu'on le
touche il tombe d'un côté ou de l'autre, et reprend
ensuite sa première position. Les petits tétras sont
bientôt attirés par le blé, et après un court repas, ils volent vers les paniers, et essaient de se
percher sur l'axe qui, pliant sur lui-même, les fait
tomber dans le panier : on en prend ainsi une
grande quantité.

L'ATTAGAS.

Cette espèce est beaucoup plus petite que la précédente. Le mâle ne pèse que dix-neuf onces, et la
femelle quinze. Ces oiseaux sont en grande quantité
dans les montagnes et les bruyères des parties septentrionales de l'Angleterre, ainsi que dans quelques endroits de l'Écosse.

En hiver ils vont ordinairement par troupes de
quarante ou cinquante ; ils descendent rarement
dans les plaines, et ne se plaisent que sur les co-
teaux les plus élevés. Ils se nourrissent de sommités

de bruyères et de baies des plantes qui croissent sur les montagnes.

Ces oiseaux couvent au printemps; la femelle pond de six à dix œufs, qu'elle dépose sur la terre où elle fait un nid grossier. La couvée reste attachée à la mère, et la suit tout l'été; l'hiver, les petits, ayant pris la plus grande partie de leur accroissement, se réunissent aux bandes des autres, et deviennent singulièrement sauvages.

On a vu des attagas produire, dans l'état de captivité, dans la ménagerie de la dernière duchesse douairière de Pontland; mais on en avait un soin particulier, on leur donnait presque tous les jours des pots de bruyère fraîche.

La chair de l'attagas est excellente, mais elle se corrompt très-promptement; aussi les chasseurs, dès qu'ils les ont tués, les vident et leur remplissent le ventre de bruyère verte.

LA PERDRIX.

La longueur de cet oiseau est d'environ treize pouces ; il a sur la poitrine une marque de la forme d'un croissant , couleur de marron foncé ; et entre l'œil et l'oreille une tache rouge , d'une substance molle. Les côtés de la tête sont jaunâtres ; le plumage est en général brun et cendré , élégamment varié de noir. Les ailes sont brunes avec des raies plus foncées ; la queue courte , et composée de dix-huit plumes , dont les sept dernières de chaque côté , sont rouges et bordées de cendré. Les naturalistes et les chasseurs ont cru que la femelle n'avait point de croissant sur la poitrine ; mais en les disséquant on a vu que c'était une erreur ; car M. Montague , ayant tué dans un jour neuf de ces oiseaux , dont la poitrine avait très-peu de différence , les ouvrit , et en trouva cinq femelles. En examinant soigneusement le plumage , il vit aussi qu'on pouvait reconnaître les mâles au brillant des plumes de la tête , mais, ce caractère distinctif ne paraît qu'après la première ou la seconde année.

Les perdrix habitent principalement les climats tempérés ; elles ne sont nulle part en plus grande abondance qu'en Angleterre, où leur chasse est un des plaisirs à la mode. Elles couvent de bonne heure au printemps : elles font leur nid sur la terre, sans beaucoup d'apprêts ; un peu d'herbe et de feuilles sèches leur suffit. La femelle pond quinze à vingt œufs, et quelquefois vingt cinq. M. Daniel dit qu'il a vu un nid de perdrix qui contenait trente-trois œufs, dont vingt-trois produisirent des petits ; ceux-ci courent au moment même qu'ils éclosent, emportant souvent avec eux une partie de leur coquille.

Les premiers alimens des perdreaux sont les œufs de fourmis, les petits insectes qu'ils trouvent sur la terre, et les herbes ; on a remarqué, dans ceux que l'on a fait élever par une poule, que les œufs de fourmis étaient ce qu'il y avait de mieux pour les fortifier ; on y ajoute de temps en temps des limaçons, des cloportes, et des perce-oreilles. La laitue, le seneçon et le mouron leur sont aussi très-salutaires.

Le mâle partage avec la mère, le soin d'élever les petits ; on les voit souvent accroupis l'un auprès de l'autre pour les couvrir de leurs ailes ; dans ce cas, le père et la mère se déterminent difficilement à partir, et un chasseur qui aime la conservation du gibier, a soin de ne pas les troubler dans une fonction si intéressante ; mais enfin, si un chien s'emporte, et qu'il les approche de trop près, c'est toujours le mâle qui part le premier en poussant des cris particuliers, réservés pour cette seule circonstance; il se pose à la distance de trente ou quarante pas; et on en a vu plusieurs fois revenir sur le chien en battant des ailes : tant l'amour paternel inspire de courage aux animaux les plus timides ! Mais quelquefois il donne encore à ceux-ci une sorte de prudence, et des moyens combinés pour sauver leur couvée : on a vu le mâle, après s'être présenté, prendre la fuite, mais fuir pesamment et en traînant l'aile, comme pour attirer l'ennemi par l'espérance d'une proie facile; fuyant toujours assez pour n'être point pris, mais pas assez pour décourager le chasseur, il l'écarte de plus en plus de la couvée. D'un autre côté, la femelle, qui part un instant après le mâle, s'éloigne beaucoup plus et toujours dans une autre direction : à peine s'est-elle abattue qu'elle revient sur-le-champ en courant le long des sillons, et s'approche de ses petits, qui se sont blottis dans les herbes et dans les feuilles ; elle les rassemble promptement, et, avant que le chien, qui s'est emporté après le mâle, ait eu le temps de revenir, elle les a déjà emmenés fort loin, sans que le chasseur ait entendu le moindre bruit.

Ces oiseaux se plaisent dans les pays à blé, et

surtout dans ceux où les terres sont bien cultivées ;
sans doute parce qu'ils y trouvent une nourriture
plus abondante, soit en grains, soit en insectes :
l'excès du froid et du chaud est contraire à leur
propagation.

M. Marckwick raconte ce trait d'intelligence
d'une perdrix : il chassait un jour avec un jeune
chien d'arrêt qui courut sur une couvée de petits
perdreaux : la mère s'élança en criant et vint se
jeter au-devant du chien qui la poursuivit à une
distance assez considérable : elle s'envola alors
loin de lui, sans pourtant sortir du camp. Le
chien étant retourné promptement à l'endroit où
les petits étaient cachés sous l'herbe, la mère
l'aperçut, courut de nouveau au-devant de lui, et
recommença le même manège jusqu'à ce qu'elle
eût entièrement détourné son attention de la couvée, qu'elle parvint à préserver. Ce gentilhomme
dit aussi que, lorsqu'un milan poursuit une couvée
de perdreaux, le père et la mère s'élancent sur cet
ennemi vorace, et le combattent de tout leur pouvoir, afin de défendre leurs petits.

Les œufs de perdrix sont souvent détruits par
les belettes, les furets, les corneilles, les pies et
d'autres animaux. Lorsque ce malheur est arrivé,
la femelle recommence un autre nid et une autre
ponte : cette seconde couvée est beaucoup plus

petite et plus faible que la première, et les petits supportent rarement les rigueurs de l'hiver.

Les perdrix qui ont été élevées par des poules en conservent pour toute leur vie l'habitude de chanter aussitôt qu'elles entendent les poules.

Cet oiseau, même lorsqu'il est élevé à la brochette, oublie bientôt les personnes qui ont eu soin de lui, et abandonne la maison où il est né. Parmi le peu d'exemples qu'on a de perdrix apprivoisées, on peut citer celle de M. Bird, dont parle M. Daniel. Celle-ci se promenait dans la maison, entrait dans la salle à manger aux heures des repas, prenait sa nourriture des mains de toutes les personnes qui voulaient la lui donner, et se couchait devant le feu, paraissant satisfaite d'en ressentir la chaleur : elle périt enfin, victime d'un chat, ennemi juré de tous les oiseaux apprivoisés.

Le même auteur raconte que, dans la ferme de Lion-Hall, en Essex, appartenant au colonel Hawker, une perdrix (dans l'année 1788) avait fait son nid et pondu seize œufs sur le tronc d'un chêne. Ce qui rend cette circonstance remarquable, c'est que l'arbre était entouré d'une haie qui bordait un petit chemin, et que les passans ayant découvert ce nid, troublaient et dérangeaient sans cesse la mère. Lorsque les petits furent éclos, ils se glissèrent le long des branches qui entouraient le tronc de l'arbre, et gagnèrent la terre sains et saufs.

Le fait suivant, arrivé à East-Dean, en Sussex, en 1798, prouve que les perdrix sont privées de la faculté de voyager. Une couvée de seize perdreaux ayant été mise en déroute par des laboureurs, ils dirigèrent leur vol vers la mer, au-dessus de laquelle ils continuèrent leur course l'espace d'environ neuf cents pieds ; mais soit qu'ils fussent fatigués ou effrayés par cet élément, on les vit tous tomber dans l'eau : douze d'entre eux furent apportés par la marée sur le rivage, où ils furent ramassés par un petit garçon qui les porta à Eastbourne et les vendit.

Willoughby raconte, comme une preuve de la docilité des perdrix, qu'un homme, d'après une gageure, parvint à apprivoiser assez une couvée de ces oiseaux pour les conduire devant lui comme un troupeau, depuis le comté de Sussex jusqu'à Londres, quoiqu'ils fussent entièrement libres, et que leurs ailes ne fussent point coupées.

Oderic de Frioul rapporte qu'un homme voisin de Trébisonde, avait apprivoisé quatre mille perdrix, dans le dessein de les donner à l'empereur. Il partit avec elles pour aller trouver ce prince à plusieurs lieues de là, dans son château de Thanéga. Il marchait à pied ; les perdrix volaient en l'air ; et lorsqu'il s'arrêtait pour se reposer, les perdrix s'abattaient, et se reposaient près de lui. Il arriva au château, les présenta à l'empereur, qui les accepta, et les fit mettre dans ses volières.

En Suède, ces oiseaux font des trous sous la neige, et s'y retirent pour se mettre à l'abri du froid. Dans le Groënland, la perdrix est brune en été, et aussitôt que vient l'hiver, elle se couvre d'un duvet épais et chaud, et blanc comme la neige à l'extérieur. Près de l'embouchure du fleuve Oï, en Russie, les perdrix sont en si grande quantité, que les montagnes adjacentes en sont couvertes : quelques-uns de ces oiseaux ont le plumage varié de blanc, d'autres entièrement blanc, sans qu'il y ait aucune raison de présumer que le climat soit cause de cette différence.

LE DINDON.

On croit généralement que le dindon est originaire de l'Amérique septentrionale, et qu'il fut apporté en Angleterre sous le règne de Henri VIII. Cet oiseau est grand, mais lourd; sa tête, qui est fort petite à proportion du corps, manque de la parure ordinaire aux oiseaux; car elle est presque entièrement dénuée de plumes, et seulement recouverte, ainsi qu'une partie du cou et de la gorge, d'une peau bleuâtre, chargée de memelons rouges dans la partie intérieure du cou, et de mamelons blanchâtres sur la partie postérieure de la tête, avec quelques petits poils noirs clair-semés entre les mamelons. Les yeux sont petits, mais vifs et brillans; le bec est convexe, court et fort; la poitrine est ornée d'un bouquet de crins durs et noirs; les ailes sont assez longues, mais incapables de soutenir un corps aussi fort dans les vols de long cours; les jambes sont robustes; le plumage est brun, nuancé de vert et de coulenr de cuivre; les couvertures des ailes sont rayées de noir et de blanc; la queue se compose de deux parties : la supérieure, ou la plus courte, est d'un brun rouge, rayée de noir et de vert; l'inférieure, ou la plus grande, est d'un blanc jaunâtre, tachetée et rayée de noir.

Le dindon est un des oiseaux les plus difficiles à élever; cependant on le trouve en grande abondance dans les forêts du Canada, quoiqu'elles soient couvertes de neige les trois quarts de l'année. Il se nourrit principalement des graines d'ortie; mais la graine de l'herbe appelée *gantelée* est pour lui un poison mortel.

La chasse de ces oiseaux est le principal divertissement des habitans du Canada. Lorsqu'ils ont découvert une de leurs retraites, qui sont presque toujours près d'un champ d'orties, ou d'une plantation quelconque, ils envoient au milieu du troupeau, un chien bien dressé : les oiseaux n'ont pas plutôt aperçu leur ennemi, qu'ils fuient en courant d'une telle vitesse, qu'ils laissent le chien très-en arrière. Celui ci cependant les suit toujours; et comme les dindons ne peuvent pas continuer long-temps une course aussi prompte, ils sont forcés de se reposer sur un arbre, étant accablés de fatigue : dans ce moment les chasseurs s'approchent, et les frappant avec de longs bâtons, ils les font tous tomber l'un après l'autre.

Les dindons se livrent entre eux des combats furieux, et avec les autres animaux ils sont généralement faibles et lâches. Le coq domestique leur inspire de la crainte ; ils ne se hasardent à l'attaquer qu'en réunissant leurs forces, et l'accablent moins de leurs blessures que du poids de leur corps. On cite cependant quelques circonstances où le coq d'Inde a montré de la valeur. Un gentilhomme de New-Yorck reçut une paire de dindons et une paire de bantams, qu'il mit dans sa basse-cour avec d'autre volaille. Quelque temps après, comme il s'occupait à leur jeter du grain, un gros faucon entra subitement par la porte qui était restée ouverte, et s'élança sur le bantam femelle ; celle-ci répandit sur-le-champ l'alarme par un cri qui lui est particulier dans ces occasions. Le dindon mâle qui était à quelque distance, et qui comprit sans doute les intentions du faucon et le danger de la situation de sa compagne, courut à l'ennemi, et lui donna, avec les éperons dont ses pieds sont armés, un coup si violent, qu'il lui fit lâcher sa proie et l'en chassa même fort loin : cette prompte hardiesse sauva la vie au bantam.

On rapporte un trait de *galanterie* d'un dindon mâle, qui offre un exemple singulier de changement d'instinct. Au mois de mai 1798, une poule d'Inde, appartenant à un gentilhomme de Suède, était occupée à couver ses œufs ; comme le mâle paraissait inquiet et affligé de son absence, on le mit dans le même lieu qu'elle ; il vint sur-le-champ se placer à ses côtés, et dérangea bientôt quelques œufs qu'il mit sous lui et qu'il couvrit soigneusement : on les lui ôta, mais il les reprit de nouveau. On fit alors l'expérience de lui donner un nid contenant autant d'œufs qu'on crut qu'il pourrait en couvrir ; l'oiseau parut charmé de cette marque de confiance : il couva ces œufs avec une si grande attention, qu'il se donnait à peine le temps de prendre sa nourriture. Au temps accoutumé, vingt-huit petits sortirent de leurs coquilles ; le dindon parut embarrassé en voyant autour de lui toutes ces petites créatures qui réclamaient ses soins ; quoiqu'il eût montré des sentimens vraiment *maternels*, on n'osa pas lui confier la nourriture de cette couvée, de peur qu'il ne la négligeât ; et on la fit élever d'une autre manière.

La femelle est en général beaucoup plus douce que le mâle : malgré la grandeur de sa taille, et sa force apparente, lorsqu'elle conduit ses petits pour chercher leur nourriture, si elle rencontre en chemin quelque ennemi, elle leur est de peu de secours contre ses attaques, et elle les avertit plutôt de songer à éviter eux-mêmes le danger, qu'elle ne se prépare à les défendre. « J'entendis une poule d'Inde (dit l'abbé Pluche) étant à la tête de sa couvée, jeter un effroyable cri d'alarme, sans qu'il me fût possible d'en deviner la cause. Cependant les petits, qui comprirent cet avertissement, coururent promptement se cacher sous les buissons, sous l'herbe, et partout où ils crurent trouver un abri sûr. Je les vis même se coucher sur la terre, et y demeurer sans mouvement, comme s'ils eussent été morts. Pendant ce temps, la mère, dont les yeux étaient fixées vers le ciel, continuait toujours à crier comme auparavant. Je regardai dans la même direction qu'elle, et je découvris un point noir sous les nuages, mais sans pouvoir distinguer ce que c'était; bientôt on put voir clairement un oiseau de proie. La mère, par ses cris, retint ses petits dans leur asile tout le temps que cet ennemi formidable plana au-dessus de leur tête; mais aussitôt qu'il fut parti, jetant un cri tout différent du premier, elle rendit la vie à cette troupe glacée d'effroi, et qui vint sur-le-champ l'entourer et lui témoigner sa joie d'avoir échappé à un aussi grand péril. »

Dans les déserts de l'Amérique, les dindons sont beaucoup plus gros que ceux qu'on voit en France. Gosselin dit qu'il a mangé sa part d'un coq d'Inde qui pesait trente livres, après avoir été plumé et vidé. Lawson dit qu'il a vu huit hommes de bon appétit faire deux repas avec un de ces oiseaux. Quelques écrivains assurent qu'on a des exemples de dindons qui pesaient jusqu'à soixante livres.

La femelle pond au printemps, et dépose ordinairement ses œufs dans un lieu solitaire et obscur. Elle les couve avec tant d'ardeur et d'assiduité, qu'elle mourrait d'inanition plutôt que d'abandonner son nid, si on n'avait le soin de la lever une fois tous les jours, pour lui donner à boire et à manger. Le mâle a un instinct bien contraire ; car s'il aperçoit sa femelle couvant, il casse ses œufs, qu'il regarde apparemment comme un obstacle à ses plaisirs ; et c'est peut-être pour cette raison que la femelle se cache alors avec tant de soin.

On élève un grand nombre de ces oiseaux dans les provinces de Norfolk, Suffolk et quelques autres, d'où on les mène aux marchés de Londres par troupeaux de deux ou trois cents. On les conduit facilement par le moyen d'une espèce de petit drapeau rouge attaché au bout d'un long bâton, et qui, d'après l'antipathie de ces oiseaux pour cette couleur, leur inspire plus de crainte qu'un fouet.

Malgré la difficulté d'instruire les dindons, le fameux Bisset enseigna à six de ces oiseaux à danser une contredanse régulière ; mais il avoua qu'il avait adopté la méthode orientale, avec laquelle on fait danser les chameau : celle de chauffer le plancher.

Dans l'état sauvage, les dindons s'assemblent par troupeaux, quelquefois au nombre de cinq cents. Ils passent la nuit dans les endroits marécageux; mais ils en sortent au lever du soleil, et vont dans les bois et les champs chercher, pour leur nourriture, des grains et des baies. Ils se perchent sur les arbres, dont ils gagnent le sommet en sautant d'une branche à une autre; ils choisissent ordinairement les plus élevés, et souvent ils y sont hors de la portée des coups de fusil. Ces oiseaux courent extrêmement vite; mais leur vol est pesant, et ils deviennent si gras au mois de mars, qu'ils ne peuvent plus voler au-delà de huit ou neuf cents pieds, et qu'un homme à cheval les atteint facilement à la course.

Maintenant on voit rarement des dindons sauvages dans les parties habitées de l'Amérique; on n'en trouve plus que dans les lieux déserts, et ils n'y sont nulle part en grand nombre. Si on donne à des dindons domestiques des œufs de dindons sauvages, on dit que les petits qui en éclosent conservent toujours un caractère farouche, et qu'ils se perchent à l'écart : cependant ils s'apparient et produisent avec les autres. Les Indiens se servent quelquefois de cette race pour attirer ceux qui sont encore dans l'état sauvage ; ils font aussi un vêtement élégant avec les plumes de ces oiseaux. Ils les tressent avec du chanvre ; ce travail forme une espèce de pluche de soie très-brillante et très-riche. Les natifs de la Louisiane font des éventails avec la queue ; et anciennement en France on faisait un parasol avec quatre queues de dindons réunies.

CHAPITRE II.

L'HIRONDELLE DE CHEMINÉE.

On compte plus de trente-six espèces d'hirondelles, mais on n'en connaît que sept ou huit dans les îles britanniques. L'hirondelle domestique ou l'hirondelle de cheminée a généralement six pouces de longueur, depuis le bout du bec jusqu'à l'extrémité de la queue, et onze ou douze d'envergure. Elle pèse ordinairement quatorze ou quinze dragmes ; le bec est noir et court, mais très-large à la base; les yeux sont grands et couleur noisette ; la tête, le cou et les parties supérieures du corps sont d'un beau bleu brillant, avec une tache orange sur le bec, et une autre de la même couleur dessous ; la poitrine et le ventre sont d'un blanc terne, nuancé de rougeâtre ; les pennes des ailes, suivant les différentes incidences de la lumière, paraissent tantôt d'un noir bleuâtre, plus clair que le dessus du corps, tantôt d'un brun verdâtre ; la queue est noirâtre, longue et fourchue ; les cinq dernières pennes de chaque côté sont marquées d'une tache blanche vers le bout.

On peut facilement distinguer les hirondelles des autres oiseaux, non-seulement par leur forme, mais par les différentes inflexions de leur voix, et par la manière dont elles se nourrissent. Leur vol est extrêmement rapide : elles se posent rarement à terre ; elles remplissent toutes leurs fonctions en volant. Elles se nourrissent principalement d'insectes ailés qu'elles happent en traversant les airs ; c'est pourquoi on les voit souvent raser la surface des eaux, où elles se plongent quelquefois à demi, pour y poursuivre les insectes aquatiques. Elles se posent de temps en temps sur la terre fraîchement labourée, ou sur les sentiers, pour y prendre de petits cailloux qui facilitent leur digestion. Les hirondelles ont la vue excellente ; leur vol est si vif et si varié, que les chasseurs ne leur déclarent communément la guerre, et ne songent à détruire ces animaux innocens, que dans l'intention de s'exercer dans l'art de tirer. Toute la race des hirondelles boit en volant, mais l'hirondelle de cheminée est la seule qui se baigne sans s'arrêter. En passant au-dessus d'un lac ou d'une rivière, elle s'y plonge à plusieurs reprises.

Les naturalistes les plus savans ont douté, pendant long-temps si l'hirondelle demeurait l'hiver dans un état d'engourdissement, ou si elle passait dans un climat plus chaud. Quelques-uns avaient même assuré que, vers le commencement de l'automne, ces oiseaux venaient en foule se jeter dans les puits et les citernes, qu'ils y passaient l'hiver, et en sortaient au printemps ; mais l'absurdité de ces assertions a été démontrée, et nombre de faits authentiques prouvent la migration des hirondelles. Il est certain qu'on a trouvé quelquefois, au milieu de l'hiver, les hirondelles engourdies, qui reprenaient leurs sens lorsqu'on les approchait du feu ; mais il est probable que c'était, ou des adultes dont la ponte avait été retardée, ou des jeunes qui , n'ayant pas eu l'aile assez forte pour voyager avec les autres , étaient restées en arrière.

L'opinion la plus conforme à l'observation et à l'expérience, c'est que les hirondelles voyagent plutôt pour chercher leur nourriture que pour éviter le froid ; ces oiseaux ne trouvant plus dans un pays les insectes qui leur conviennent, passent dans des contrées moins froides qui leur offrent en abondance cette proie , sans laquelle ils ne peuvent subsister ; et il est si vrai que c'est là la cause générale et déterminante des migrations des oiseaux, que ceux qui vivent d'insectes voltigeans, et, pour ainsi dire, aériens, partent les premiers, parce que ces insectes manquent les premiers; ceux qui vivent de larves, de fourmis et autres insectes terrestres, en trouvent plus long-temps et partent plus tard; ceux qui vivent de baies, de petites graines et de fruits qui mûrissent en automne, et restent sur les arbres tout l'hiver, n'arrivent aussi qu'en automne, et restent dans nos campagnes la plus grande partie de l'hiver; enfin, ceux qui vivent des mêmes choses que l'homme et de son superflu, restent toute l'année à portée des lieux habités.

Quelques observateurs assurent que les hirondelles quittent l'Angleterre vers le 29 septembre; que le lieu de l'assemblée générale paraît indiqué sur les côtes de la province de Suffolk, entre Oxford et Yarmouth; qu'elles se posent sur le toit des églises, des vieilles tours, etc.; qu'elles y restent plusieurs jours, lorsque le vent n'est point favorable pour passer la mer; et que si le vent vient à changer pendant la nuit, elles partent toutes à la fois, et que le lendemain matin on n'en retrouve pas une seule. Cela indique assez clairement une migration dirigée au sud ou au sud-est de l'Angleterre.

On n'a qu'un seul exemple d'hirondelles conservées vivantes en hiver , avec de la chaleur et des soins , par M. Pearson de Londres , qui les fit voir à la société , le 14 février 1786, comme un fait intéressant en histoire naturelle. Elles moururent l'été suivant par le peu de soin qu'on en eut.

On croit généralement que les hirondelles se retirent en hiver au Sénégal , et dans quelques autres parties de l'Afrique. Le docteur Russel dit qu'elles visitent les environs d'Alep vers la fin de février ; qu'après avoir élevé leurs petits , ce qui a lieu vers la fin de juillet , elles quittent le pays pour y retourner au commencement d'octobre ; elles n'y restent qu'une quinzaine de jours , et disparaissent alors jusqu'au printemps. On en trouve dans presque toutes les parties de l'ancien continent , et elles ne sont point rares dans l'Amérique septentrionale.

Le nid de cet oiseau est composé de terre gâchée avec de la paille et du crin, et garni de plumes en dedans. la femelle pond quatre ou cinq œufs, et fait deux pontes par an. Lorsque les petits sont éclos, les père et mère leur portent sans cesse à manger, et ont grand soin d'entretenir la propreté dans le nid , jusqu'à ce que les petits, devenus plus forts, sachent s'arranger de manière à leur épargner cette peine ; mais ce qui est plus intéressant, c'est de voir les vieux donner aux jeunes les premières leçons de vol, en les animant de la voix, en leur présentant d'un peu loin la nourriture, et s'éloignant encore à mesure qu'ils s'avancent pour la recevoir, en les poussant doucement, et non sans quelque inquiétude, hors du nid, et jouant devant eux et avec eux dans l'air, comme pour leur offrir un secours toujours présent, et accompagnant leur action d'un gazouillement si expressif, qu'on croirait en entendre le sens. Si l'on joint à cela ce que dit Boerhaave de cet oiseau, qui, étant allé à la provision, et trouvant à son retour la maison où était son nid embrasée, se jeta au travers des flammes pour porter nourriture et secours à sa famille, on jugera avec quelle passion les hirondelles aiment leurs petits.

Aussitôt que la première couvée est élevée, la femelle commence sa seconde ponte, dont les petits éclosent au milieu ou à la fin d'août.

Le professeur Kalm dit que, dans ses voyages en Amérique, une dame lui raconta le fait suivant, dont elle avait été témoin ainsi que ses enfans. « Une couple d'hirondelles avaient bâti leur nid dans son étable ; la femelle y avait déposé ses œufs et les couvait. Au bout de quelques jours, les gens de la maison voyant toujours la femelle sur ses œufs, et le mâle qui voltigeait autour du nid en faisant des cris plaintifs, soupçonnèrent quelque chose d'extraordinaire; après un examen plus attentif, on trouva la femelle morte dans le nid, et on l'en retira. Le mâle se mit sur les œufs, mais après y être resté environ deux heures, trouvant apparemment cette tâche trop pénible, il sortit, et revint bientôt après avec une autre femelle qui garda le nid, et qui nourrit et éleva les petits avec autant de tendresse que s'ils eussent été les siens. »

A Camerthon-Hall, près de Bath, une paire d'hirondelles bâtirent leur nid sur le cadre d'un vieux tableau placé au dessus d'une cheminée; elles entraient dans la chambre par une vitre cassée; elles y vinrent pendant trois années de suite, et auraient sûrement continué plus long-temps, si la réparation qu'on fit à la chambre ne leur en eût interdit l'accès.

Une hirondelle bâtit son nid sur le corps et les ailes d'un hibou mort et desséché, qui se trouvait par hasard suspendu à la solive d'un grenier, et que le moindre coup de vent faisait balancer; ce hibou, avec le nid rempli d'œufs sur ses ailes, fut apporté comme une curiosité au muséum de sir Asthon Lever. Ce gentilhomme, frappé de cette bizarrerie, remit au porteur une large co—

quille, en le priant de la fixer à l'endroit où l'on avait trouvé le hibou ; on le fit, et, l'année suivante, une hirondelle (probablement la même), bâtit son nid dans la coquille, et y pondit ses œufs. Ce hibou et cette coquille augmentent le nombre des productions curieuses de l'art et de la nature qui sont réunies dans le muséum Leverian.

L'hirondelle de cheminée annonce toujours aux martins et aux autres petits oiseaux l'approche des oiseaux de proie : aussitôt qu'elle aperçoit un faucon ou un hibou, elle jette un cri d'alarme, tous ses compagnons se réunissent, fondent sur leur ennemi, le frappent, le renversent jusqu'à ce qu'il ait pris la fuite : l'hirondelle n'épargne même pas les chats, lorsque, grimpant sur les toits, ils s'approchent de son nid.

L'adresse de cet oiseau est merveilleuse, dit M. White, pour monter et descendre avec sûreté dans le passage étroit d'une cheminée. La vibration de ses ailes, en grimpant dans le tuyau, cause un bruit assez semblable à celui du tonnerre dans l'éloignement. Il est probable que la femelle ne se soumet au désagrément de placer son nid si avant dans une cheminée, que pour mieux mettre sa couvée à l'abri des oiseaux de proie, et surtout des hiboux qui font souvent tous leurs efforts pour l'atteindre.

Il semble que l'homme devrait accueillir, bien traiter un oiseau qui lui annonce la belle saison, et qui d'ailleurs lui rend des services réels : il semble au moins que ses services devraient faire sa sûreté personnelle, et cela à l'égard du plus grand nombre des hommes qui le protègent quelquefois jusqu'à la superstition ; mais il s'en trouve trop souvent qui se font un amusement inhumain de le tuer à coups de fusil, sans autre motif que celui d'exercer ou de perfectionner leur adresse sur un but très-inconstant, très- mobile, par conséquent très-difficile à atteindre. Ce qu'il y a de singulier, c'est que ces oiseaux innocens paraissent plutôt attirés qu'effrayés par les coups de fusil, et qu'ils ne peuvent se résoudre à fuir l'homme, lors même qu'il leur fait une guerre si cruelle et si ridicule ; elle est plus que ridicule, cette guerre, car elle est contraire aux intérêts de celui qui la fait, par cela seul que les hirondelles nous délivrent du fléau des cousins, des charançons et de plusieurs autres insectes destructeurs de nos potagers, de nos maisons, de nos forêts, et que ces insectes se multiplient dans un pays, et nos pertes avec eux, en même proportion que le nombre des hirondelles et autres insectivores y diminue. Ceux qui possèdent des terres ne devraient pas souffrir qu'on y tuât une seule hirondelle : pour moi, je ne crains pas d'avouer que j'ai invité ces oiseaux à bâtir leur nid autour de ma maison en y fixant de petites coquilles, et que j'ai toujours observé avec plaisir la prudence de ces petits architectes qui les maçonnaient en-dessous, pour assurer leur solidité avant de se hasarder à y déposer leurs œufs.

M. de Buffon raconte qu'un cordonnier de Bâle ayant mis à une hirondelle un collier, sur lequel était écrit :

Hirondelle
Qui es si belle,
Dis–moi, l'hiver où vas–tu ?

reçut, le printemps suivant, et par le même courrier, cette réponse à sa demande :

A Athène,
Chez Antoine;
Pourquoi t'en informes–tu ?

Ce qu'il y a de plus probable dans cette anecdote, c'est que la réponse a été faite en Suisse : quand au fait il est plus que douteux, puisqu'on sait par Belon et par Aristote, que les hirondelles sont des oiseaux semestriers dans la Grèce comme dans le reste de l'Europe, et qu'elles vont passer l'hiver en Afrique.

M. White prétend que, quelques semaines avant le départ des hirondelles, toutes abandonnent les maisons et les cheminées pour se percher sur les arbres, et qu'elles nous quittent ordinairement au commencement d'octobre, quoique plusieurs personnes disent en avoir encore vu quelquefois dans la première semaine de novembre. M. Pennant dit que, peu de jours avant leur départ, elles s'assemblent par troupes sur le toit des maisons, des églises, et sur les arbres, d'où elles prennent la fuite toutes à la fois.

LE MARTINET ou L'HIRONDELLE
A CROUPION BLANC.

ELLE est plus petite que l'hirondelle commune, et sa queue est moins fourchue; la tête et les parties supérieures du corps sont d'un noir lustré, enrichi de reflets bleus; la poitrine et le ventre sont blancs ainsi que le croupion; ce qui peut être regardé comme son caractère distinctif. Ces oiseaux commencent à paraître au 16 d'avril, et pendant quelque temps ne s'occupent point de leur nid, soit pour se remettre des fatigues de leur voyage, soit pour donner à leur sang engourdi par la rigueur de l'hiver le temps de reprendre de la force et de la chaleur; au milieu du mois de mai, si le temps est beau, ils songent à préparer un logement pour leur famille.

Comme le martinet bâtit souvent son nid sur le toit d'une maison, sur le côté d'un rocher au bord de la mer, ou sur un mur perpendiculaire, sans qu'il y ait aucun rebord pour le soutenir, il est obligé d'en faire un lui-même; pour cela il se soutient et s'accroche non-seulement avec ses ongles, mais avec sa queue qu'il appuie fortement contre le mur : ainsi fixé, il pose les matériaux et les gâche avec son bec. Mais comme le propre poids de cet ouvrage le détruirait tandis qu'il est humide, l'architecte prévoyant lui donne le temps de sécher et de se durcir, en n'y travaillant que le matin et en employant le reste de la journée à chercher sa nourriture et à se recréer. Cet industrieux oiseau, dans les longs jours, se met souvent à l'ouvrage avant quatre heures du matin; au bout de dix ou douze jours le nid est terminé : il a la forme d'une demi-sphère, avec une très-petite ouverture dans le haut; l'extérieur est grossier, n'étant composé que de terre grasse mêlée de petits cailloux pour ajouter à sa solidité : l'intérieur, sans être de la plus grande délicatesse, est doux et chaud ; il est garni de petites pailles , d'herbe , de plumes et quelquefois d'un lit de mousse et de laine.

Le martinet est indécis et capricieux pour le lieu où il veut placer son nid ; il le commence plusieurs fois sans l'achever ; mais lorsqu'il a trouvé une situation favorable , le même nid lui sert pour plusieurs saisons. La femelle pond quatre ou cinq œufs ; les petits, devenus un peu forts, s'impatientent dans leur retraite et se tiennent toujours la tête hors du·nid, demandant de la nourriture à leurs père et mère, qui leur en apportent depuis le matin jusqu'au soir : ils continuent de leur en donner long-temps après qu'ils ont commencé à voler, et même ils la leur portent au milieu des airs : le fond de cette nourriture consiste en insectes qu'ils attrapent au vol.

Aussitôt que les jeunes sont capables de pourvoir d'eux-mêmes à leur subsistance , le père et la mère commencent une seconde couvée. Les premiers se réunissent alors en troupes nombreuses : et on les voit soir et matin, voltigeant autour des tours et des rochers, et sur les toits des églises et des maisons. Ces réunions ont ordinairement lieu dans la première semaine d'août : on croit avoir observé aussi que plusieurs de ces oiseaux travaillaient au même nid.

Quelquefois, lorsque le temps est très-chaud, les martinets boivent et se baignent en volant ; mais cela leur arrive moins fréquemment qu'aux hirondelles de cheminée ; ils sont aussi beaucoup moins agiles que celles-ci ; leurs ailes et leur queue étant plus courtes, leur ôtent le moyen d'exécuter ces évolutions rapides et variées qu'on admire dans le vol des hirondelles domestiques : cependant leurs mouvemens sont gracieux et aisés ; ils se soutiennent ordinairement dans la région de l'air ; on les voit rarement s'élever à une grande hauteur, et ils ne rasent jamais la surface de l'eau ni de la terre ; ils ne cherchent pas au loin leur nourriture ; ils préfèrent les lieux ombragés, voisins de quelque lac, les bois et les vallons, surtout lorsque le temps est à la tempête.

Les martinets sont, de toutes les espèces d'hirondelles, celles qui se retirent le plus tard ; on en voit encore jusqu'en novembre : soit que ces oiseaux aient la vie courte ou qu'ils ne reviennent pas tous aux lieux où ils sont nés, le nombre de ceux qu'on voit paraître au printemps ne peut pas entrer en comparaison avec

ce qu'on en a vu se retirer à l'automne de l'année précédente.

M. Simpson, pendant sa résidence à Welton,
dans l'Amérique septentrionale, fut éveillé un
matin par le bruit de deux martinets qui volti-
geaient autour de sa fenêtre; leur agitation et
leurs cris excitèrent sa curiosité; il se leva pour
examiner leurs mouvemens : il les vit s'efforcer
d'entrer dans une espèce de petite cage fixée contre la maison, et qu'ils avaient autrefois occupée.
Au bout de quelque temps, un roitelet sortit de
cette cage, se percha un moment sur un arbre
voisin et ensuite s'envola. Les martinets saisirent
cette occasion pour retourner à la cage; mais ils
n'y restèrent pas long-temps; leur adversaire revint, et malgré sa faiblesse et la petitesse de sa
taille, il les fit retirer précipitamment. Le reste
de la journée se passa ainsi; mais le lendemain
matin, dans l'absence du roitelet, les martinets
s'emparèrent de la cage et travaillèrent avec tant
d'activité à en barricader l'entrée, que le roitelet à son tour essaya en vain de rentrer dans
son domicile : les martinets, pour ne pas briser
leurs portes, s'abstinrent, pendant deux jours,
d'aller chercher de la nourriture; à la fin, le roitelet leva le siége, abandonna ses prétentions et
laissa les martinets tranquilles possesseurs du nid.

3.

L'HIRONDELLE DE RIVAGE

CETTE espèce est plus petite que les précéden-
tes ; elle n'a que quatre pouces trois quarts de
longueur : les parties supérieures du corps sont
gris de souris ; la poitrine et le ventre sont blancs
avec un collier gris au bas du cou.

Cet oiseau est commun sur le bord des rivières
et dans les terrains sablonneux, où il creuse lui-
même un trou régulièrement rond, dans le sable
ou dans la terre ; ce trou a ordinairement deux
pieds de profondeur, et c'est au fond que l'oiseau
construit son nid, qui n'est qu'un amas de paille,
d'herbe sèche et de plumes. « Quoiqu'on ait de
la peine à croire, dit M. White, qu'un oiseau
aussi faible puisse, avec le seul secours de son
bec et de ses ongles, parvenir à creuser la terre,
cependant c'est avec ces petits instrumens que
j'ai vu une couple de ces oiseaux travailler avec
ardeur et promptitude : je n'ai jamais pu découvrir combien il leur fallait de temps pour miner
ces cavités, malgré tout l'intérêt que cela m'in-
spirait ; mais j'ai souvent remarqué, à la fin de
l'été, plusieurs trous de différentes grandeurs,
commencés et non terminés ; ce serait peut-être

accorder trop de prévoyance à un simple oiseau, que de penser que ces travaux commencés aient été faits d'avance pour le printemps prochain. La cause de cet abandon ne serait-elle pas plutôt dans la qualité de la terre ou du sable trop solide et quelquefois trop mou, et qui, dans ce dernier cas, pourrait les faire périr dans ses éboulemens? Une chose certaine et remarquable, c'est qu'au bout de quelques années, ces vieux trous sont entièrement abandonnés, peut-être parce qu'une trop longue habitation les a rendus sales et fétides, ou que les mouches et les insectes y abondent tellement que ces oiseaux ne peuvent plus y demeurer.

L'hirondelle de rivage paraît en Angleterre en même temps que l'hirondelle de cheminée : elle pond quatre ou six œufs blancs et transparens. Ces oiseaux paraissent être solitaires ; on ne les voit jamais en automne se réunir par troupes (du moins en Angleterre) : ils ont une manière particulière de voler, et qui ressemble assez aux élans et aux mouvemens légers des papillons.

Ces oiseaux sont tellement tourmentés des moucherons (comme on l'a déjà vu dans les Réflexions de M. White), qu'on les voit voltiger au-dessus de leurs trous comme un essaim d'abeilles autour d'une ruche.

LE MARTINET NOIR.

Cet oiseau est plus gros que toutes les autres espèces d'hirondelles. Il a souvent près de huit pouces de long et dix-huit d'envergure, quoiqu'il ne pèse pas plus d'une once : le plumage est entièrement noir, à l'exception de la gorge qui est blanche ; les pieds, très-petits, sont d'une structure particulière, ayant les quatre doigts tournés en avant, et composés chacun de deux phalanges seulement ; conformation singulière, et qui n'est propre qu'aux martinets.

Le vol de ces oiseaux est plus élevé, plus rapide que celui des hirondelles qui volent déjà si légèrement ; ils volent par nécessité, car d'eux-mêmes ils ne se posent jamais à terre, et lorsqu'ils y tombent par quelque accident, ils ne se relèvent que très-difficilement dans un terrain plat ; à peine peuvent-ils, en se traînant sur une petite motte, en grimpant sur une taupinière ou sur une pierre, prendre assez leurs avantages pour mettre en jeu leurs longues ailes ; c'est une suite de la conformation de leurs pieds. Ils n'ont guère que deux manières d'être, le mouvement violent ou le repos absolu ; s'agiter avec effort dans le vague de l'air ou rester blottis dans leur trou, voilà leur vie. Le seul état intermédiaire qu'ils connaissent, c'est de s'accrocher aux murailles et aux troncs d'arbres tout près de leur trou, et de se traîner ensuite dans l'intérieur de ce trou en rampant, en s'aidant de leur bec et de tous les points d'appui qu'ils peuvent se faire ; ordinairement ils y entrent de plein vol et après avoir passé et repassé devant plus de cent fois. Leur corps étant mince, ils peuvent entrer dans un trou fort étroit, et si leur ventre les gêne, ils se tournent sur le côté.

Ces oiseaux font leur nid sous le toit des maisons, dans des clochers et d'autres bâtimens élevés ; ils les composent d'herbes et de plumes.

Les martinets sont, de tous les oiseaux de passage, ceux qui dans notre pays arrivent les derniers et s'en vont les premiers ; ils commencent ordinairement à paraître sur la fin d'avril ou au commencement de mai, et ils nous quittent avant la fin de juillet. Ce sont de tous les oiseaux les plus actifs ; ils volent au moins pendant seize heures de la journée ; ils vont presque toujours en troupes plus ou moins nombreuses, et dans les matinées chaudes on les voit tourner autour des clochers et des églises en criant tous à la fois et de toutes leurs forces.

On croit que le mâle chante pendant que la femelle couve ; du moins lorsqu'ils sont dans leur nid, on l'entend faire de petits cris de satisfaction. Après être restée toute la journée sur ses œufs, la femelle sort le soir pendant quelques minutes pour soulager ses membres fatigués, et pour faire à la hâte un léger repas, puis retourne remplir son devoir de mère.

Ces oiseaux diffèrent des autres hirondelles des îles Britanniques en ce qu'ils ne font pendant l'été qu'une seule ponte de deux œufs.

Si l'on tue ces oiseaux et qu'on les ouvre pendant qu'ils ont des petits, on trouve leur gosier rempli d'insectes qu'ils tiennent en réserve sous la langue. On les voit quelquefois en été raser la surface des étangs et des rivières pour y attraper des insectes aquatiques. Souvent aussi ils attaquent et poursuivent dans l'air des oiseaux de proie, mais avec moins de véhémence et de furie que les hirondelles.

La voix de ces oiseaux n'est qu'un cri dur ou plutôt un sifflement aigu; elle peut cependant faire naître à quelques personnes des idées agréables, puisqu'on ne l'entend jamais que dans les plus beaux jours de l'été.

Les martinets quittent généralement l'Angleterre au milieu du mois d'août, peu de temps après que leurs petits sont capables de voler. Cette prompte retraite est incompréhensible, car cette saison est presque toujours la plus délicieuse de l'année ; mais ce qui est plus extraordinaire, c'est qu'ils se retirent encore plutôt dans les parties méridionales de l'Andalousie, où il n'est pas probable que la chaleur puisse leur manquer, ni même la nourriture. C'est un de ces incidens, en histoire naturelle, qui non-seulement confondent nos recherches, mais éludent toutes nos conjectures.

Au mois de février de l'année 1766, on trouva sous le toit de Longnor-Chapel, en Shropshire, une couple de martinets suspendus par les ongles, et dans un état d'engourdissement ; on les apporta devant le feu, et ils revinrent à la vie.

LA SALANGANE.

Cet oiseau est, dit-on, plus petit que le roitelet ; le bec est épais, les parties supérieures du corps sont brunes, et les inférieures blanchâtres ; la queue est fourchue, et chaque plume est terminée de blanc ; les jambes sont brunes.

Le nid de cet oiseau est extrêmement curieux ; non-seulement on peut le manger, mais il est très-estimé et très-recherché en Chine et en Asie. Il pèse ordinairement près d'une demi-once ; sa forme est celle d'une demi-lune, ou, selon quelques-uns, d'une saucière aplatie d'un côté, et adhérent au rocher. Les auteurs diffèrent d'opinion sur la matière dont ce nid est composé : les uns prétendent que c'est une écume de mer ou du frai de poisson ; les autres, que c'est un suc recueilli par les salanganes sur l'arbre appelé *calambouc*. On a supposé aussi que ces oiseaux dérobaient les œufs des autres oiseaux, les cassaient, et se servaient du blanc pour en enduire leurs nids.

Après avoir parfaitement nettoyé ces nids, on les fait dissoudre dans du bouillon, on prétend

que cela l'épaissit et lui donne un goût exquis.
Quelquefois après les avoir fait tremper dans l'eau
pour les adoucir, on les coupe par morceaux, on
les assaisonne de ginseng et on en remplit le corps
d'une volaille, qu'on fait cuire ensuite à petit feu
dans une quantité d'eau suffisante ; on la laisse
toute la nuit sur la cendre chaude ; et le lendemain
matin on peut la manger. Les nids de salanganes
se trouvent en grand nombre dans certaines cavernes des îles de l'Archipel. Ces nids sont de
deux sortes, les blancs et les noirs ; les blancs sont
les plus estimés, et se vendent ordinairement, en
Chine, de 1000 à 1500 piastres le picle, ou 125
livres pesant ; les noirs ne se vendent que 20 piastres. On prétend qu'en Hollande il s'exporte tous
les ans de Batavia mille picles de ces nids, venant
des îles de la Cochinchine et de celles de l'Est.
Ces nids sont encore si rares en Angleterre,
malgré le nombre infini de choses qu'on y tire
de l'Est, qu'on n'en a encore servi sur aucune
table.

Sir Georges Staunton (rédacteur du Voyage de
lord Macartney à la Chine) donne la description suivante du nid des salanganes : « Dans la
Cass (petite île près de Sumatra), il y a deux
cavernes dans lesquelles on trouve une grande

quantité de ces nids d'oiseaux si estimés par les Chinois épicuriens. Ils paraissent composés de filamens cimentés ensemble par une matière visqueuse et transparente, assez semblable à celle que laisse l'écume de la mer sur les rochers après la marée. Ces nids sont adhérens aux rochers de la caverne; ils sont ordinairement rangés les uns à côté des autres, et se tiennent ensemble par des fils. Les oiseaux qui bâtissent ces nids sont de petites hirondelles grises, avec le ventre blanc-jaunâtre; elles volent par troupes considérables, mais elles sont si petites, et leur vol est si rapide, qu'il est impossible de pouvoir les tirer. On trouve, dit-on, des nids de la même espèce dans des cavernes profondes au pied des plus hautes montagnes de l'île de Java, à quelque distance de la mer, d'où il paraît que ces oiseaux tirent leur nourriture et des matériaux pour les construire. Ils se nourrissent aussi d'insectes qu'ils trouvent en planant au-dessus des étangs, et leur large bec semble conformé particulièrement pour cette chasse. Ils font entrer aussi dans la construction de leur nid les meilleurs restes de leur uourriture. Leur plus grand ennemi est le milan, qui les attaque souvent dans leurs excursions. La valeur des nids de salanganes dépend principalement de l'égalité et de la délicatesse de leur texture; on estime davantage ceux qui sont blancs et transparens, et on en donne souvent, à la Chine, leurs poids en argent.

Ces nids sont l'objet d'un commerce important pour les Javanais, et plusieurs d'entre eux y sont occupés dès leur enfance. Lorsque les oiseaux ont employé près de deux mois à préparer leur nid, ils pondent deux œufs dans chacun, et ils les couvent environ quinze jours; quand les petits ont des plumes, on juge qu'il est temps d'enlever les nids; ce qu'on fait régulièrement trois fois chaque année. Pour descendre dans les cavernes, on se sert ordinairement d'une échelle de bambou et de roseau; mais si les cavernes sont trop profondes, on préfère une échelle de corde. Cette opération ne se fait pas sans beaucoup de danger; les habitans des montagnes s'en chargent presque toujours, et ils ne la commencent jamais sans avoir sacrifié un buffle, coutume qui est constamment observée par ces peuples, la veille d'une entreprise extraordinaire. Ils prononcent aussi quelques prières, se frottent le corps d'huile odoriférante, et parfument l'entrée de la caverne avec du benjoin. Près de cette caverne on adore une déesse tutélaire, dont le prêtre brûle de l'encens, et étend ses mains protectrices sur tous ceux qui se préparent à descendre; en même temps on prépare soigneusement un flambeau, qu'on fait avec de la gomme d'un arbre de ces montagnes, et qui ne peut pas être aisément éteint par l'air fixe et les vapeurs souterraines.

CHAPITRE III.

LE TOURACO.

Nous consacrerons ce chapitre à quelques-uns de ces oiseaux des différentes parties du monde, dont les mœurs et la figure sont presque totalement ignorées des naturalistes.

Le touraco (par lequel nous commencerons), est un bel et majestueux oiseau des Indes orientales, de la grosseur d'un dindon : son corps est couvert de longues plumes soyeuses, d'un vert foncé, assez semblable à du poil; les côtés et le dos sont nuancés de pourpre; toutes les grandes pennes de l'aile sont d'un beau rouge cramoisi ; les cuisses couleur de buffle, et les ongles noirs. Il a sur la tête une espèce de huppe, ou plutôt une couronne, qui lui donne un air de distinction : cette huppe est un faisceau de plumes relevées, fines et soyeuses, et composées de brins si déliés que la touffe en est transparente. Un peu au-dessus du bec est une petite crête rouge ; et il y a de chaque côté de la tête deux taches rouges presque de la forme d'une oreille ; le bec est court et épais, courbé et d'une couleur jaunâtre.

Cet oiseau paraît être le même que Tavernier a décrit dans ses Voyages de l'Inde. On en trouve un grand nombre dans les territoires de Cambaye, de Broudra, etc. Le jour ils courent dans les champs, mais la nuit ils se perchent sur les arbres. La chair des jeunes est, dit-on, blanche et de bon goût. Dans les parties de l'Inde gouvernées par des Mahométans, on peut tirer sans danger sur ces oiseaux ; mais dans celles qui sont au pouvoir des idolâtres, il est très-dangereux d'en tuer un seul, ainsi qu'aucun autre animal ; car cette action passe parmi eux pour un sacrilége qu'ils punissent sévèrement.

Le touraco du Mexique a le bec court, épais et couleur de chair ; il a sur la tête une large huppe de plumes vertes qu'il abaisse et relève à volonté ; la tête, le cou, le dos, la poitrine et une partie du ventre et des cuisses sont d'un brun fonce ; les quatre premières pennes des ailes sont écarlates, les dernières sont marquées de longues taches blanches ; la queue est pourpre mêlé de vert, ainsi que les couvertures des ailes ; les pieds et les jambes sont couleur de plomb. Sa grosseur est à peu près celle d'une grive.

Barbot, dans la description de son voyage au sud de la Guinée, dit : « que le touraco est un très-bel oiseau dont le plumage est varié de blanc, de noir, de rouge, de bleu, etc. ; que les plumes de sa queue, qui est très-longue, servent d'ornemens aux nègres. Il dit aussi qu'il en a vu dont le plumage était couleur d'or, et d'autres qui avaient sur la tête une charmante huppe bleue.

LE CARASOU.

Cet oiseau tire son nom d'une partie des Indes orientales, d'où il a été rapporté : les Indiens lui donnent le nom d'*oiseau des montagnes*, et quelques voyageurs celui de dindon sauvage. Il s'apprivoise facilement, et fait même société avec d'autres oiseaux. Ce bel oiseau a la tête et le cou d'un noir velouté, et une huppe de plumes noires, entourée de blanc, qui s'élève en demi-cercle sur le sommet de sa tête, et qu'il peut relever et baisser à volonté. Le reste du corps (excepté la partie inférieure) est noir. La femelle est brun foncé : sa queue est noire. Traversée à l'extrémité par quatre raies blanches ; la mandibule supérieure du bec est épaisse et surmontée d'une excroissance de la grosseur d'une noisette ; les yeux sont noirs et les jambes assez longues. Sa grosseur est celle d'un dindon commun.

M. W., dans sa description du royaume de Mosqueto, dit que ces oiseaux sont si peu farouches, qu'on peut les tuer très-facilement. Leur chair est excellente. Ils vont ordinairement par troupeaux de dix ou douze.

Le docteur Gemelli dit qu'ils sont en grande abondance dans la Nouvelle-Espagne.

LES MANAKINS.

CES oiseaux sont petits et fort jolis ; les plus grands ne sont pas si gros qu'un moineau, et les autres sont aussi petits que le roitelet. Leurs caractères communs et généraux sont d'avoir le bec court, droit, comprimé par les côtés vers le bout ; la mandibule supérieure convexe en dessus, et légèrement échancrée sur les bords, un peu plus longue que la mandibule inférieure, qui est plate et droite sur sa longueur. Tous ces

oiseaux ont aussi la queue courte et coupée car-
rément.

Les habitudes naturelles de ces oiseaux n'ont
pas encore été observées avec assez de soin pour
qu'on en puisse donner un détail bien exact. Le
seul naturaliste qui ait écrit sur ce sujet est
M. Sonnini, qui, pendant sa résideuce dans
l'Amérique méridionale, a vu un grand nombre
de manakins dans l'état de nature ; ils habitent les
grands bois des climats chauds de ce continent ,
et n'en sortent jamais pour aller dans les lieux
découverts , ni dans les campagnes voisines des
habitations. Leur vol, quoique assez rapide , est
toujours court et peu élevé. Ils ne se perchent pas
au faîte des arbres , mais sur les branches , à une
moyenne hauteur ; ils se nourrissent de petits fruits
sauvages et d'insectes.

On les trouve ordinairement en petites troupes
de huit ou dix de la même espèce ; et quelquefois
ces petites troupes se confondent avec d'autres
d'espèces différentes de leur même genre , et même
avec des compagnies d'autres petits oiseaux de genre
différent. C'est ordinairement le matin qu'on les
trouve réunis en nombre , ce qui semble les rendre
joyeux ; ils font alors entendre un petit gazouillement fin et agréable ; la fraîcheur du matin leur
donne sans doute cette expression de plaisir, car

ils sont silencieux pendant le jour, et cherchent à éviter la grande chaleur en se séparant et se retirant seuls dans les endroits les plus ombragés et les plus fourrés des forêts, où ils demeurent jusqu'au matin suivant. En général, ils préfèrent les terrains humides et frais aux endroits secs et chauds; cependant ils ne fréquentent ni les marais ni les bords des eaux.

Le nom de manakin a été donné à ces oiseaux par les Hollandais de Surinam. Les naturalistes en ont découvert six espèces. La plus grande de toute, qu'on appelle le *tiré* ou *le grand manakin*, a quatre pouces et demi de longueur, et sa grosseur est celle d'un moineau. Le dessus de la tête est couvert de plumes d'un beau rouge, qui sont plus longues que les autres, et que l'oiseau relève à volonté, ce qui lui donne alors l'air d'avoir une huppe; le dos et les petites couvertures supérieures des ailes sont d'un beau bleu; le reste du plumage est noir velouté; l'iris des yeux est d'une belle couleur de saphir; le bec est noir, et les pieds sont rouges.

DE CHEVALIER OU GAMBETTE.

CET oiseau est rare en Angleterre, et on ne le trouve guère que dans la province d'Essex. Le sommet de la tête et le cou sont d'un beau brun clair; le bec, long de deux pouces, est mince, rouge à la base, et noirâtre à la pointe. Les couvertures des ailes sont noirâtres dans le milieu, brunes dans le reste, et chaque plume est bordée de blanc; les jambes sont longues, d'un rouge pâle dans le mâle, et vertes dans la femelle; les ongles, petits et noirs. Cet oiseau a seize ou dix-huit pouces de hauteur depuis le bec jusqu'aux ongles, et deux pieds d'envergure. Il pèse environ une demi-livre.

L'IBIJAU.

LA taille de cet oiseau est à peu près celle de l'hirondelle. Sa tête ressemble à celle d'un chat, le bec est crochu, et la mandibule supérieure dépasse de beaucoup l'inférieure. Les yeux sont grands, brillans et transparens comme le cristal. Il a sur la tête deux touffes de plumes de la hauteur de deux doigts, assez semblables à des oreilles. La queue est courte, et dépassée par les ailes, qui sont longues. Les cuisses et les jambes sont couvertes jusqu'aux pieds d'un duvet ou de plumes courtes. Les pieds sont armés d'ongles forts et crochus, longs de près de trois pouces et très-aigus. Le plumage est entièrement fauve, tacheté de noir et de blanc.

LE GUÊPIER.

CET oiseau a beaucoup de rapport avec le martin pêcheur, et il est à peu près de la taille du merle. Il a la tête large et oblongue, et un bandeau noir au-dessus des yeux. Le dessous de la gorge est jaune; le cou, la poitrine et le ventre sont d'un bleu verdâtre. Les petites ouvertures des ailes sont bleues; quelquefois vertes, mêlées de rouge; les grandes, orange, tachetées de noir et de vert. La queue a trois pouces de longueur, et est composée de douze plumes; les deux du milieu sont beaucoup plus longues que les autres, et se terminent en pointe. La couleur de la queue varie ; elle est verte dans quelques individus, et bleue dans d'autres. Le bec, de près de deux pouces de long, est large à sa base, et un peu arqué. La langue est mince, dentelée et terminée par de longs filets. Les yeux sont rouges et quelquefois couleur de noisette. Les jambes et les pieds ressemblent à ceux du martin-pêcheur, en ce que les ongles sont joints ensemble de la même manière : ils sont ordinairement noirâtres, quelquefois brun-rouge, et les ongles noirs.

Belon dit que cet oiseau est très-commun dans l'île de Crête, qu'on le voit dans quelques parties de l'Italie, mais qu'il est inconnu en Grèce. Il se nourrit non-seulement d'abeilles et de guêpes, mais de cigales, de sauterelles, de mouches et d'autres insectes. Il mange aussi de plusieurs sortes de graines. Ces oiseaux vont par troupes, et fréquentent les montagnes où le thym croît en abondance.

Aristote dit que les guêpiers font leur nid dans des cavernes ou des creux de trois ou quatre pieds de profondeur, et qu'ils pondent six ou sept œufs.

Le guêpier du Bengale est de la taille du premier ; il a le bec noir, épais à la base, courbé et long de deux pouces. Les yeux sont d'un beau rouge. Une tache noire, qui prend naissance de chaque côté du bec, s'étend au-dessus des yeux. La gorge est bleue, la partie supérieure de la tête jaunâtre; le dos et les ailes sont de la même couleur, mais nuancés de vert; la poitrine et le ventre verts; les cuisses d'un jaune pâle, mêlé de vert. La queue est semblable à celle de la première espèce; la couleur en est verte, melée de jaune et plus foncée en dessous. Les pieds et les jambes sont noirs.

LE TORCOL.

CET oiseau est de la grosseur d'une alouette. Son bec, long de neuf lignes et taillé comme celui des pics, ne lui sert pas à saisir et prendre sa nourriture : ce n'est, pour ainsi dire, que l'étui d'une grande langue qu'il tire de la longueur de trois ou quatre doigts, et qu'il darde dans les fourmilières; il la retire chargée de fourmis (qui sont sa principale nourriture) retenues par une liqueur visqueuse dont elle est enduite : la pointe de cette langue est extrêmement aiguë.

Le plumage de cet oiseau est en général très-élégant. La partie supérieure du corps est variée de noir, de gris et de tanné. Une belle bande noire s'étend depuis le sommet de la tête jusqu'au milieu du dos. M. Denham a remarqué que dans la femelle, cette ligne noire prend naissance au bec. Il a observé aussi que le ventre du mâle est nu, comme celui de la femelle lorsqu'elle couve ; d'où il conclut qu'il couve à son tour. La gorge et le ventre sont jaunâtres, rayés transversalement de lignes noires. Les grandes pennes des ailes sont marquetées de grandes taches noires. Le croupion est cendré. La queue, longue de deux pouces, est traversée par deux ou trois bandes noires, et variée par-dessous de points noirs sur un fond gris. Les jambes et les pieds sont courts, et les ongles disposées de la même manière que ceux des pieds.

Cet oiseau a une habitude singulière et bizarre, c'est de tordre et de tourner le cou de côté et en arrière, la tête renversée sur les épaules. C'est sans doute cette espèce de torture qui lui a fait donner par les anciens, le nom de *torquilla*. Les couleurs du mâle sont plus foncées que celles de la femelle.

Sur la fin de l'été, cet oiseau prend beaucoup de graisse, et il est alors excellent à manger ; c'est pour cela qu'en plusieurs pays on lui donne le nom d'*ortolan*.

LE CALAO.

On compte dix espèces de cet oiseau. Il est allié de près au toucan, et semble, dans les parties méridionales de l'ancien continent, tenir la même place que le toucan dans le nouveau. Le caractère distinctif de ce genre est un énorme bec, surchargé, dans quelques individus, d'une protubérance sur la mandibule supérieure, qui ressemble à un se—cond bec.

Le calao-rhinocéros, ou l'oiseau rhinocéros, est à peu près de la taille d'un dindon. Le bec a dix pouces de long, et la base est large de deux pouces et demi; sur la partie supérieure de ce bec s'élève une excroissance de substance cornée, qui s'étend en avant et se recourbe ensuite vers le haut en forme de corne prodigieuse par son volume, car elle a huit pouces de longueur. Le plumage de cet oiseau est entièrement noir. On le trouve dans plusieurs parties des Indes orientales, Le calao à casque rond est remarquable par la même protubérance sur le bec, et la forme d'un casque.

Le calao des îles Philippines a au-dessous de la mandibule supérieure du bec une excroissance cor-

née de six pouces de long sur trois pouces de largeur. Cette excroissance est un peu concave dans
sa partie supérieure, et ses deux angles sont pro-
longés en avant en forme de double corne.

Le calao du Malabar se distingue des autres
espèces par sa poitrine, son ventre, et une partie
de ses ailes, qui sont blancs ; le reste du plumage
est noir.

LE JASEUR.

Cet oiseau est de la taille d'une grosse alouette ;
il a huit pouces de long ; sa tête est ornée d'une
belle huppe ; les parties supérieures du corps sont
rouge-cendré, la poitrine et le ventre couleur de
noisette pâle ; une ligne noire passe au-dessus des
yeux ; la gorge et les ailes sont noires. Ces oiseaux
sont originaires de Bohême, d'où ils se répandent
par troupes dans toute l'Europe. On avait autrefois la superstition de les regarder comme un présage de peste. On les voit rarement dans les parties
méridionales de la Grande-Bretagne.

Il y a à Cayenne et au Brésil une espèce de ja-
seur : il a douze pouces de long ; le plumage du

mâle est d'un blanc pur, excepté le croupion, les ailes, et la queue, qui sont bordés de jaune; la femelle a les parties supérieures du corps d'un gris olive, et les inférieures grises, bordées d'oli-vâtre : tous deux ont à la base du bec une substance charnue, semblable à celle du dindon. Leur voix, ainsi que celle de leur espèce, est si forte et si bruyante, qu'on peut l'entendre à la distance d'une demi-lieu.

Il y a dix espèces de jaseurs, mais on ne connaît rien, ou du moins très-peu de chose, de leurs habitudes.

LE MAINATE.

Il y a dix ou onze espèces de mainates, qui habitent l'Amérique : quelques-uns sont de la taille de la pie, d'autres de celle du merle; le plumage de ces oiseaux est généralement noir. Ils vivent de maïs, de fruits, et d'insectes. Il y a dans les îles Philippines une espèce de mainate, appelée mainate du paradis, à cause de sa beauté, et re-marquable par l'utilité dont elle est pour détruire les sauterelles. Les habitans de l'île de Bourbon, étant infestés de ces insectes, firent venir une couple de mainates, qui les délivrèrent en peu de temps de ce fléau.

Le mainate à queue en bateau est originaire de la Jamaïque : son plumage est noir; il est remarquable en ce que les plumes de sa queue sont disposées de manière à former en dessus un creux comme celui d'un bateau ; on peut comparer cette queue à celle d'une poule qu'on tournerait du sens opposé. Cet oiseau est de la grosseur d'un coucou.

Le Mainate de Java (*gracula religiosa*), est de tous les oiseaux qui imite le mieux la voix humaine.

LE DRONTE.

Le corps de cet oiseau pesant et paresseux est presque rond et à peine soutenu sur deux jambes très-grosses et très-courtes. Sa tête est d'une forme si extraordinaire, qu'on la prendrait pour la production bizarre et grotesque de l'imagination d'un peintre ; cette tête, portée sur un cou

renforcé et goîtreux, consiste presque tout entière dans un bec énorme, dont l'ouverture des
mandibules se prolonge bien au delà des yeux,
qui sont gros, noirs, et entourés d'un cercle
blanc. Ces deux mandibules, concaves dans le
milieu de leur longueur, renflées par les deux
bouts, et recourbées à la pointe en sens contraire, ressemblent à deux cuillers pointues qui
s'appliquent l'une à l'autre, la convexité en dehors ; de tout cela il résulte une physionomie
stupide et vorace, et qui, pour comble de difformité, est accompagnée d'un bord de plumes,
qui, suivant le contour de la base du bec, s'a-
vance en pointe sur le front, puis s'arrondit autour de la face comme un capuchon, d'où lui
est venu le nom de *cygne encapuchonné*.

Les plumes du dronte sont en général fort
douces ; le gris est leur couleur dominante, mais
plus foncé sur toute la partie supérieure et au bas
des jambes, et plus clair sur l'estomac, le ventre,
et tout le dessous du corps ; il y a du jaune et du
blanc dans les plumes des ailes et dans celles de
la queue, qui paraissent frisées, et sont en fort
petit nombre. Clusius n'en compte que quatre ou
cinq. Les pieds et les doigts sont jaunes, et les
ongles noirs ; chaque pied a quatre doigts, dont

trois dirigés en avant, et le quatrième en arrière ; c'est celui-ci qui a l'ongle le plus long.

La grosseur, qui, dans les animaux, suppose la force, ne produit ici que la pesanteur. L'autruche, le casoar, ne sont pas plus en état de voler que le dronte ; mais du moins ils sont très-prompts à la course ; au lieu que le dronte paraît accablé de son propre poids, et avoir à peine la force de se traîner : c'est dans les oiseaux ce que le paresseux est dans les quadrupèdes ; on dirait qu'il est composé d'une matière brute, inactive, où les molécules vivantes ont été trop épargnées. Il a des ailes ; mais ces ailes sont trop courtes et trop faibles pour l'élever dans les airs ; il a une queue, mais elle est disproportionnée et hors de sa place.

Cet oiseau est originaire de l'Isle-de-France ; les Hollandais, qui l'y découvrirent les premiers, l'appelèrent dans leur langue *oiseau de dégoût*, autant à cause de sa figure rebutante que du mauvais goût de sa chair. Cependant quelques observateurs ont contredit depuis cette assertion, et ont prétendu que sa chair était bonne et saine.

Les voyageurs ont fait mention de deux autres oiseaux, l'un sous le nom de *solitaire*, et l'autre sous celui d'*oiseau de Nazerath*. Mais on a quelque raison de croire que ce ne sont que des variétés de l'espèce du dronte. Le premier a été trouvé dans l'île de Rodrigue, et sa description est à peu près la même que celle que nous venons de donner; mais, sous quelques rapports, il diffère du dronte : il ne pond qu'un œuf, que le père et la mère couvent ensemble pendant sept semaines ; le petit n'est entièrement élevé qu'au bout de quelques mois. Le temps de leur donner la chasse est depuis le mois de mars jusqu'au mois de septembre, pendant lequel ils sont très-gras. La chair des jeunes est surtout d'un goût excellent.

L'oiseau de Nazareth, appelé sans doute ainsi par corruption, pour avoir été trouvé dans l'île de Nazare, a été observé dans l'Isle-de-France. Cet oiseau est plus gros qu'un cygne : au lieu de plumes, il a tout le corps couvert d'un duvet noir; cependant il n'est pas absolument sans plumes ; car il en a de noires aux ailes et de frisées sur le croupion, qui lui tiennent lieu de queue; il a le bec gros, et un peu recourbé par-dessous.

LES TANGARAS COMPRENANT L'ORGANISTE.

ON trouve dans les climats chauds de l'Amérique un genre très-nombreux d'oiseaux, dont quelques-uns s'appellent au Brésil *tangaras* ; et les nomenclateurs ont adopté ce nom pour toutes les espèces qui composent ce genre. Ces oiseaux ont été pris par la plupart des voyageurs pour des espèces de moineaux ; ils ne diffèrent en effet de nos moineaux d'Europe que par les couleurs et par un petit caractère de conformation, c'est d'avoir la maudibule supérieure du bec échancrée des deux côtés vers son extrémité ; mais ils ressemblent aux moineaux par tous les autres caractères, et même ils en ont à peu de chose près les habitudes naturelles ; comme eux ils n'ont qu'un vol court et peu élevé, et la voix désagréable dans la plupart des espèces. On doit aussi les mettre au rang des oiseaux granivores, parce qu'ils ne se nourrissent que de très-petits fruits. Ils sont d'ailleurs presque aussi familiers que les moineaux, car la plupart viennent auprès des habitations ; ils ont aussi les mœurs sociales entre eux. Ils habitent les terres sèches, les lieux découverts, et jamais les marais. Ils ne pondent que deux œufs, et rarement trois.

Le genre entier des tangaras, dont nous connaissons déjà plus de trente espèces, sans y comprendre les variétés, paraît appartenir exclusivement au nouveau continent. L'*organiste*, originaire de Saint-Domingue, doit appartenir à cette classe d'oiseaux : on lui a donné ce nom, parce qu'il fait entendre successivement les tons de l'octave, en montant du grave à l'aigu. Cet oiseau est extrêmement sauvage, et si habile à se cacher, qu'il est très-difficile de l'apercevoir et de le tirer. Il sait tourner avec tant de dextérité autour d'une branche, à mesure que le chasseur change de place, que souvent, quoiqu'il y ait plusieurs de ces oiseaux sur un arbre, on ne peut en découvrir uu seul, tant ils sont attentifs à se mettre à couvert.

La longueur de l'organiste est de quatre pouces ; son plumage est bleu sur la tête et le cou, noir changeant en gros bleu sur le dos, les ailes et la queue, et jaune orangé sur le front, le croupion et tout le dessous du corps.

Dans l'histoire de la Louisiane, par M. Lepage-Dupratz, on trouve la description d'un petit oiseau qu'il appelle l'*évêque*, et que nous croyons être le même que l'organiste. Voici le passage de cet auteur : « L'évêque est un oiseau plus petit que le serin ; son plumage est bleu tirant sur le violet ;

on voit par là l'origine de son nom (l'évêque). Il se nourrit de plusieurs sortes de petites graines, entre autres d'une espèce de millet naturel au pays. Son gosier est si doux, ses tons si flexibles, et son ramage si tendre, que lorsqu'une fois on l'a entendu, on devient beaucoup plus réservé sur l'éloge du rossignol. Son chant dure l'espace d'un *miserere ;* et dans tout ce temps, il ne paraît pas reprendre haleine ; il se repose ensuite deux fois autant, pour recommencer aussitôt après : cette alternative de chant et de repos dure deux heures. »

LES GOBE-MOUCHES.

Ces oiseaux ne sont parmi nous que pendant l'été, et tirent leur nom de leur manière de se nourrir. Cependant le gobe-mouche tacheté ne vit pas seulement d'insectes, mais de fruits, et l'on prétend qu'il aime beaucoup les cerises : son plumage est presque généralement gris ; sa tête est tachetée de noir ; ses ailes et sa queue sont bordées de blanc.

Le gobe-mouche à collier blanc est originaire

de la Nouvelle-Zélande. Il est de la grosseur de la mésange barbue ; il s'apprivoise facilement et fait la chasse aux mouches sur l'épaule de son maître ; sa tête est noire avec un collier blanc ; le dessus du corps olive brun, le dessous jaunâtre, et la queue blanche, à l'exception des deux plumes du milieu, qui sont noires.

Le gobe-mouche musicien fait entendre pendant la nuit, une voix qui ne cède point en mélodie à celle de notre rossignol. Ce musicien de la Daourie habite de préférence les rochers et les vallons découverts de la Tartarie orientale.

Le gobe-mouche de Lorraine (*muscicapa atricapilla*) qui niche dans les troncs d'arbres, présente ce phénomène ; le mâle est pendant l'hiver d'un gris uniforme, mais vers le temps où il recherche sa femelle, une partie de son plumage devient d'un beau noir, et l'autre du blanc le plus pur. Ce petit oiseau est très-courageux et dispute un trou d'arbre avec une intrépidité qui a souvent étonné M. le comte de Riocourt, qui l'a beaucoup observé dans les forêts de la Lorraine, et qui est cité par Sonnini pour ses judicieuses remarques.

LA PETITE OUTARDE.

Cet oiseau est de la taille d'un gros coq : Belon
et Gessner l'ont décrit comme étant beaucoup
plus gros, et pesant quelquefois quatorze livres et
demie ; la tête est oblongue et de couleur cendrée ;
le bec est fort ; la langue est dentelée, pointue et
dure par le bout ; les ouvertures des oreilles sont
très-grandes : elles sont cachées sous les plumes,
mais on aperçoit dans leur intérieur deux conduits, dont l'un se dirige au bec et l'autre au cerveau ; la poitrine est grosse et ronde ; le ventre
est blanc jusqu'à la moitié des cuisses ; le dos est
marqueté d'une infinité de petites taches brunes
et noires ; les grandes pennes de l'aile sont blanches au milieu, noires au bout, et rouges à la racine ; la queue est d'un brun-rouge, tachetée et
rayée de noir à l'extérieur ; les jambes ont un pied
de haut et sont couvertes d'écailles ; les pieds n'ont
que trois ongles.

Cet oiseau semble être un diminutif de l'outarde : on le trouve dans les montagnes et les bois
du nord de l'Allemagne ; sa chair est délicieuse
et ressemble à celle du faisan. Suétone rapporte

que l'empereur Caligula estimait tant l'outarde ,
qu'il voulut qu'on l'offrît en sacrifice dans son
temple.

LA CAILLE DU BENGALE.

Ce bel oiseau est un peu plus gros que la caille
d'Europe : le bec est brun foncé ; le sommet de la
tête est noir ; une large ligne jaune prend depuis
la racine du bec jusqu'au derrière de la tête ; l'œil
est entouré d'une ligne noire ; le dessous du corps
est jaunâtre et tacheté de rouge près de la queue ;
le derrière du cou et le dos, ainsi que les couvertures des ailes , sont d'un jaune verdâtre ; une
large raie d'un bleu-vert passe dessus les ailes et
dessus le croupion ; les jambes et les pieds sont
orangés , et les ongles d'un rouge-brun.

Beauplan, dans sa description de l'Ukraine en
Tartarie, dit que dans ce pays il y a une espèce
de caille dont les pieds sont bleus , et que cet
oiseau est un poison mortel pour ceux qui le
mangent.

M. Misson, dans son Voyage en Italie, remarque qu'il vient dans ce pays, tous les printemps,

beaucoup de cailles arrivant d'Afrique, et qu'elles sont si fatiguées de leur voyage, qu'elles se reposent sur les vaisseaux, où on les prend très-facilement. Il est surprenant qu'un oiseau dont l'aile est faible soit capable de soutenir un vol aussi long. Josephe dit que le golfe d'Arabie fournit plus de cailles qu'aucun autre lieu. Varron et d'autres remarquent, qu'au printemps, à leur passage d'un climat dans un autre, une quantité si prodigieuse de cailles se posent sur les vaisseaux, qu'elles pourraient les faire couler à fond, et qu'on peut tuer, dans un jour, cinquante mille cailles et autant d'hirondelles.

LE RALE DE TERRE ou DE GENÊT,
VULGAIREMENT APPELÉ ROI DES CAILLES.

CET oiseau a dix-neuf ou vingt pouces d'envergure, et pèse six ou sept onces : le bec a un pouce de long, et ressemble beaucoup à celui d'une poule d'eau ; la mandibule supérieure est brune, l'inférieure plus claire : le corps est mince et paraît comprimé de chaque côté ; la poitrine et le ventre sont blancs ; il y a sur la tête deux larges raies noires, et une blanche sur chaque épaule ; la gorge est brune ; le dos est noir dans le milieu, mais les côtés sont rougeâtres, rayés transversalement de lignes blanches, ainsi que les cuisses ; quelques pennes des ailes, particulièrement les plus petites, sont jaune foncé ; la queue a environ deux pouces de long ; les jambes sont dégarnies de plumes jusques au-dessus du genou ; les pieds sont blanchâtres. Cet oiseau a la démarche fière. Les Italiens le nomment *grande caille* ou *roi des cailles*, et on prétend qu'il est le conducteur de ces oiseaux dans leurs voyages. Il se nourrit de limaçons, de vers, et de toutes sortes de petits insectes.

On voit rarement ces oiseaux en Angleterre ; mais ils sont très-communs dans presque toute l'Irlande.

LE LAGOPÈDE ou GÉLINOTTE BLANCHE.

Cet oiseau a le bec court et noir, crochu et pointu à l'extrémité : la tête est très-belle, ornée d'une huppe brune, tachetée de noir et de blanc; les yeux sont noirs, entourés d'un cercle brun; la paupière est écarlate; la gorge est couverte de plumes longues et douces; le cou est long et mince, ainsi que le reste du corps, où il est aussi de même cendré et tacheté de noir et de blanc : les ongles de devant sont assez longs, mais ceux de derrière sont plus courts et tout crochus.

Les auteurs ne s'accordent pas sur le véritable lagopède des anciens. Alexandre Myndius dit qu'il est un peu plus gros qu'une perdrix, rempli de taches de différentes couleurs sur le dos, d'un rouge-brun; qu'il a les ailes courtes et le corps gros et pesant : mais Gessner le prend pour le *gallina corylorum*, ou la perdrix de montagne. Belon pense qu'il était de la race des cailles; et Jules Alexandre rapporte qu'il en a vu un venant d'Espagne, qui avait les jambes et le cou longs, mais n'était point tacheté. On en a vu un à Florence, qui avait le bec noir, mais rouge à l'extrémité; les yeux noirs, entourés d'un cercle cendré; le ventre tacheté de blanc, le dos d'un rouge-brun mêlé de taches noires, et les pieds brun foncé. Aldrovande dit qu'on apporta en Sicile un oiseau pris dans les montagnes, qu'on assura être le véritable lagopède, et qui, pour la grosseur et presque tout le reste, ressemblait exactement à un faisan : sa chair était d'un goût délicieux.

On prétend que ces oiseaux se purgent eux-mêmes avec la jusquiame, et que pour cette raison on n'en voit point dans les pays où cette plante ne croît pas ; on les trouve dans l'île de Crète, et on les apprivoise à Chypre. Rien ne peut se comparer à la bonté de ceux de l'île de Rhodes et de l'Ionie. On en voit aussi dans les montagnes des Pyrénées, en Auvergne et sur les Alpes.

Les lagopèdes se nourrissent de toutes sortes de graines et de fruits : ils s'appellent l'un l'autre, et ont un léger ramage ; mais Pline et Elien disent qu'ils perdent leur voix dans leur captivité, et, ce qui n'est pas moins remarquable, qu'ils la retrouvent aussitôt qu'ils sont rendus à la liberté.

CHAPITRE IV.

DES OISEAUX AQUATIQUES.

Après avoir parlé de la plupart des oiseaux terrestres des différentes parties du monde , nous allons maintenant considérer les oiseaux aquatiques.

On peut les diviser en trois classes : les uns sont destinés par la nature à habiter la terre , les autres à cingler sur les eaux ; enfin , une troisième tribu d'animaux amphibies peut jouir également de ces deux élémens.

La forme du corps et des membres de ces oiseaux , indique assez qu'ils sont navigateurs-nés , et habitans naturels de l'élément liquide ; leur corps est arqué et bombé comme la carène d'un vaisseau , et c'est peut-être sur cette figure que l'homme a tracé celle de ses premiers navires ; leur cou relevé sur une poitrine saillante, en re présente assez bien la proue; leur queue, courte et toute rassemblée en un seul faisceau, sert de gouvernail; leurs pieds larges et palmés font l'office de véritables rames; le duvet épais et lustré d'huile, qui revêt tout le corps, est un goudron naturel qui le rend impénétrable à l'humidité, en même temps qu'il le fait flotter plus légèrement à la surface des eaux. Ceci n'est encore qu'un aperçu des facultés que la nature a données à ces oiseaux pour la navigation : leurs habitudes naturelles sont conformes à ces facultés : leurs mœurs y sont assorties; ils ne se plaisent nulle part autant que sur l'eau; ils semblent craindre de se poser à terre; la moindre aspérité du sol blesse leurs pieds ramollis par l'habitude de ne presser qu'une surface humide; enfin, l'eau est pour eux un lieu de repos et de plaisirs où tous leurs mouvemens s'exécutent avec facilité, où toutes leurs fonctions se font avec aisance, où leurs différentes évolutions se tracent avec grâce. Voyez ces cygnes nager avec mollesse, ou cingler sur l'onde avec majesté; ils s'y jouent, s'ébattent, y plongent et reparaissent avec des mouvemens agréables, de douces ondulations et une tendre énergie, qui charment et captivent tous les regards : aussi le cygne est-il l'emblême de la grâce, premier trait qui nous frappe, même avant ceux de la beauté.

La vie de l'oiseau navigateur est plus paisible et moins laborieuse que celle de la plupart des oiseaux terrestres ; il emploie beaucoup moins de forces pour nager que les autres n'en dépensent pour voler ; l'élément qu'il habite lui offre à chaque instant sa subsistance : il la rencontre plus qu'il ne la cherche, et souvent le mouvement de l'onde l'amène à sa portée ; il la prend sans fatigue, comme il l'a trouvée sans peine ni travail, et cette vie plus douce lui donne en même temps des mœurs plus innocentes, et des habitudes pacifiques. Chaque espèce se rassemble par le sentiment d'un amour mutuel ; nul des oiseaux aquatiques n'attaque son semblable, nul ne fait sa victime d'un autre oiseau, et dans cette grande et tranquille nation, on ne voit point le plus fort opprimer le plus faible.

Les oiseaux de rivage ont les pieds divisés : ils sont aussi taillés sur un autre modèle ; leur corps grêle et de forme élancée, leurs pieds dénués de membranes, ne leur permettent ni de plonger, ni de se soutenir sur l'eau ; ils ne peuvent qu'en suivre les rives : montés sur de très-longues jambes, avec un cou tout aussi long, ils n'entrent que dans les eaux basses où ils peuvent marcher ; ils cherchent dans la vase la pâture qui leur convient ; ils sont, pour ainsi dire, amphibies, attachés aux limites de la terre et de l'eau, comme pour en faire le commerce vivant, ou plutôt pour former en ce genre les degrés et les nuances des différentes habitudes qui résultent de la diversité des formes dans toute nature organisée.

M. Pennant divise les oiseaux aquatiques en trois classes : ceux dont les pieds sont fourchus, comme la grue ; ceux aux pieds demi réunis, comme la bécassine, et ceux aux pieds palmés, comme les canards. Cette division paraît en effet la meilleure, puisque les oiseaux qui composent chacune de ces classes ont des propriétés distinctes et générales : par exemple, les oiseaux à pieds divisés ou de rivage sont presque tous d'une taille haute et légère, et assez bien proportionnés, quoique leurs jambes et leur cou soient extrêmement longs ; tandis que ceux dont les pieds sont palmés ont une démarche lourde et embarrassée, les jambes placées très en arrière, et le cou d'une longueur démesurée. Ceux dont les pieds ne sont qu'à demi réunis, étant capables de nager et de marcher, forment, pour ainsi dire, une race mitoyenne, qui participe de la nature des deux autres. Les premiers pondent leurs œufs sur la terre et ne font point de nid ; les seconds les déposent sur des rochers inaccessibles, ou les cachent parmi des buissons ou des joncs ; et les derniers bâtissent de grands nids auprès de l'eau ou dans l'eau même.

Un célèbre auteur a fait les observations suivantes sur les caractères généraux de ces espèces d'oiseaux : « C'est toujours par degrés imperceptibles que la nature passe d'une classe d'êtres animés à une autre. Elle a peuplé les bois et les champs d'une multitude variée des plus beaux oiseaux ; et afin qu'aucun lieu de son immense territoire ne soit désert, elle a donné aux eaux des habitans ailés, aux besoins desquels elle a pourvu avec soin ; elle les a rendus capables de nager, comme les oiseaux terrestres de voler : elle a enduit leurs plumes d'une huile naturelle, et uni leurs ongles par une membrane ; ce qui leur procure en même temps le mouvement et la sécurité. Mais entre la classe des oiseaux terrestres qui fuient l'eau, et celle des oiseaux aquatiques faits pour y vivre et y nager, elle a placé une nombreuse tribu d'oiseaux qui semblent participer de ces deux natures : à leurs ongles divisés, on les croirait conformés pour vivre sur la terre, tandis que leurs appétits les attachent principalement aux eaux. On ne peut les appeler ni oiseaux terrestres, ni oiseaux aquatiques, puisqu'ils tirent leur subsistance des lieux aquatiques, et qu'ils sont incapables de l'aller chercher dans ces abîmes où elle est en abondance.

« L'espèce de la grue doit être distinguée des autres plutôt par ses appétits que par sa conformation : même à cet égard elle en paraît suffisamment séparée par la nature; car, faite pour vivre parmi les eaux, sans pouvoir y nager, la plus grande partie de ces oiseaux a de longues jambes, afin de pénétrer dans les eaux basses, et de longs becs pour y chercher sa nourriture.

« On peut reconnaître un oiseau de cette espèce, fréquentant habituellement les lieux marécageux, si ce n'est à la longueur de ses jambes, au moins aux écailles qui les couvrent. Ceux qui ont examiné les jambes d'une bécassine ou d'une bécasse, conviendront de la justesse de mon observation, et combien la peau qui les recouvre est differente de celle du pigeon ou de la perdrix. Quelques oiseaux de cette espèce ont aussi les jambes nues jusqu'au milieu de la cuisse, et au moins jusqu'au-dessus du genou, dans la plus grande partie. L'humidité que leurs jambes éprouvent sans cesse empêche les plumes d'y croître; aussi quelle différence surprenante entre les jambes d'une grue, dépouillées de plumes presque jusqu'au corps, et celles du faucon, qui en sont couvertes jusqu'aux ongles !

« Le bec est aussi très-remarquable dans cette classe. Il est en général plus long que celui des autres oiseaux, et quelquefois légèrement cannelé sur les côtés. La pointe est pourvue de nerfs extrêmement sensibles, afin de mieux sentir la nourriture au fond des marais où ils ne peuvent pas la voir.

« Si l'on compare les facultés naturelles de cette classe d'oiseaux à celle des oiseaux terrestres, on les trouvera bien inférieures : leurs nids sont plus simples que ceux des moineaux, leur chasse est moins ingénieuse que celle du faucon ; la pie les surpasse en finesse, et quoiqu'ils aient la voracité de la race de la volaille, ils n'ont pas sa fécondité. Aucun oiseau de cette espéce n'a été admis dans la société de l'homme ; on ne les met point en cage comme le rossignol, et on ne les apprivoise pas comme le dindon. Ils mènent une vie libre le long du rivage de la mer et des lacs, et au fond des marais. Ils se nourrissent de poissons et d'insectes, à l'exception d'un ou deux ; la chair de ceux qui se nourrissent d'insectes est bonne à manger, parce que cette nourriture est facile à digérer ; mais ceux qui ne vivent que de poissons, qui sont imprégnés d'huile, en conservent dans leur chair un goût rance, et sont, en général, indignes d'être servis sur nos tables. Ils n'ont pû paraître mangeables qu'à des sauvages ou à des navigateurs pendant les privations d'une longue course; car nous les voyons souvent, dans le journal de leurs voyages, nous vanter la bonté de la chair de certains animaux qui ne leur inspireraient que du dégoût, s'ils avaient meilleure chère pendant quelque temps. »

En examinant les pieds ou les ongles d'un canard, on concevra facilement que leur conformation est la meilleure pour nager. Lorsque les hommes nagent, ils n'ouvrent point les doigts; mais ils les serrent les uns contre les autres, afin de fendre l'eau avec facilité en opposant une surface plus large. Ce que l'homme exécute par l'art, la nature y a suppléé pour les oiseaux aquatiques, en unissant leurs doigts par une large membrane; ils les étendent sur l'eau comme deux rames, et les font mouvoir alternativement avec la plus grande aisance.

A l'exception du flammant, de l'avocette et du coureur, tous les oiseaux à pieds palmés ont les jambes courtes; si elles étaient longues, leurs mouvemens seraient plus lents, et ils nageraient plus difficilement. Aussi le peu d'oiseaux à pieds palmés dont les jambes sont longues ne s'en servent point pour nager : la membrane qui unit leurs ongles leur sert seulement pour les empêcher d'enfoncer dans la vase où ils marchent.

Les jambes courtes des oiseaux à pieds palmés, qui leur sont si utiles pour nager, ne leur rendent qu'un mauvais service pour marcher sur la terre : aussi n'y font-ils que de très-courtes stations, et ils s'éloignent rarement du rivage des eaux qu'ils habitent : leurs petits sont élevés sur le rivage; ils sont revêtus d'un duvet chaud qui les garantit du froid et de l'humidité. Les vieux ont un plumage plus épais et plus chaud que celui des oiseaux des autres classes; ce sont leurs plumes que l'on emploie pour nos lits, parce que l'huile dont elles sont imprégnées les rend lisses, incapables de pomper l'humidité, et les tient toujours séparées les unes des autres. Dans quelques espèces, cette huile est en si grande abondance, que les plumes en conservent toujours une odeur désagréable, et qu'il est impossible de les employer : telles sont celles du pingouin. Mais de telle espèce que ce soit, les nouvelles plumes sont si dégoûtantes, que les tapissiers les achètent une fois moins cher que les vieilles : ils les font bouillir pendant quelque temps, et ils mêlent ordinairement les vieilles et les nouvelles ensemble.

5.

La quantité d'huile dont les oiseaux aquatiques sont pourvus contribue aussi à leur procurer de la chaleur dans l'humide élément où ils résident. Ils sont, en général, très-gras; et, par cette chaleur intérieure et extérieure, ils sont plus à l'abri de l'inclémence des saisons qu'aucune autre espèce d'oiseau.

CHAPITRE V.

LA CIGOGNE.

Il y a deux espèces de cigognes, la noire et la blanche; mais nous ne décrirons que la blanche, qui est la plus remarquable. Sa longueur est d'environ trois pieds; le bec d'un beau rouge, a près de huit pouces de long; le plumage est entièrement blanc, à l'exception de quelques plumes du dos et des ailes qui sont noires; le tour des yeux est nu et noirâtre; la peau des jambes et de la partie nue des cuisses est rougeâtre.

La cigogne blanche est demi-domestique; elle fréquente les villes, et dans quelques-unes elle se promène tranquillement dans les rues, et y cherche sa nourriture parmi les restes des tables : elle purge les champs des reptiles et des serpens, et pour cette raison elle est protégée en

Hollande. Dans la Belgique, les gens du peuple se croient menacés de quelque malheur, si la cigogne manque de revenir habiter le nid qu'elle a construit sur la maison ; les Mahométans ont aussi pour elle la plus haute vénération. La cigogne était autrefois si respectée en Thessalie , qu'on punissait de mort le meurtre d'un de ces oiseaux.

Belon dit : « que les cigognes sont en si grande abondance en Égypte , que les champs et les plaines en paraissent blancs ; mais elles y rendent un grand service en détruisant les grenouilles qui sans elles deviendraient si nombreuses que le pays en serait infesté. Les champs de la Palestine, entre Belba et Gaza, sont souvent stériles, à cause de la grande quantité de rats et de souris ; et si les cigognes ne les détruisaient pas, les habitans ne pourraient jamais avoir de moissons. »

La cigogne est d'un naturel assez doux : elle n'est ni défiante, ni sauvage, et peut s'apprivoiser aisément et s'accoutumer à rester dans les jardins, qu'elle purge d'insectes et de reptiles. Elle a presque toujours l'air triste et la contenance morne ; cependant elle ne laisse pas de se livrer à une certaine gaîté, quand elle y est excitée par l'exemple ; car elle se prête au badinage des enfans, en sautant et jouant avec eux. « J'ai vu dans un jardin (dit le docteur Hermann), où des enfans jouaient à la cligne-musette, une cigogne privée se mettre de la partie, courir à son tour quand elle était touchée, et distinguer très-bien l'enfant qui était en tour de poursuivre les autres, pour se tenir sur ses gardes. »

Les anciens attribuaient à la cigogne plusieurs vertus morales : la tempérance, la fidélité conjugale, la piété filiale et l'amour maternel. Il est vrai qu'elle nourrit très-long-temps ses petits, et ne les quitte pas qu'elle ne leur voie assez de force pour se défendre et se pourvoir d'eux-mêmes; que, quand ils commencent à voleter hors du nid et à s'essayer dans les airs, elle les porte sur ses ailes ; qu'elle les défend dans les dangers, et préfère quelquefois périr plutôt que de les abandonner. Il y a une histoire célèbre en Hollande, d'une cigogne qui, dans l'incendie de la ville de Delft, après s'être inutilement efforcée d'enlever ses petits, se laissa brûler avec eux, afin de partager leur sort.

Dans les Lettres sur l'Italie, on trouve l'anecdote suivante, qui offre un exemple singulier d'intelligence dans la cigogne. Un fermier du voisinage de Hambourg amena dans sa basse-cour une cigogne sauvage, pour y être la compagne d'une autre apprivoisée qu'il avait depuis long-temps ; mais celle-ci , furieuse d'avoir une rivale , tomba sur la pauvre étrangère , et la maltraita si cruellement , qu'elle fut forcée de prendre la fuite , quoique avec bien de la peine. Cependant environ quatre mois après , elle revint à la basse-cour , remise de toutes ses blessures et suivie de trois autres cigognes qui , s'unissant à elle , se jetèrent sur-le-champ sur la cigogne privée et la tuèrent.

Les cigognes sont oiseaux de passage ; elles observent une grande exactitude dans leur départ d'Europe, qui a lieu en automne. Elles vont passer en Égypte un second été , et y élèvent une seconde couvée. Avant le départ elles s'assemblent en grand nombre ; il se fait pendant quelque temps un mouvement dans la troupe ; toutes semblent se chercher, se reconnaître ; ensuite , après avoir fait quelques courtes excursions , comme pour essayer leurs ailes , elles s'envolent toutes ensemble en silence , et si promptement qu'il est très-difficile de s'en apercevoir.

Pendant leurs migrations , on les voit en grandes troupes. Le docteur Shaw a vu, du pied du Mont-Carmel , le passage des cigognes de l'Égypte en Asie , vers le milieu d'avril 1722. « Notre vaisseau, dit ce voyageur, étant à l'ancre sous le Mont-Carmel , je vis trois vols de cigognes, dont chacun fut plus de trois heures à passer, et s'étendait plus d'un demi-mille en largeur. »

Dans le nord on trouve rarement des cigognes plus loin que la Suède ; et quoiqu'on n'en ait pas rencontré souvent en Angleterre, elle sont si communes en Hollande, qu'elles y bâtissent leur nid sur le toit des maisons où les habitans leur placent à ce dessein des boîtes carrées. Ils respectent ces oiseaux, et ne souffrent pas qu'on leur fasse aucune injure. Les cigognes sont aussi très-communes à Alep, ainsi qu'à Séville, en Espagne. A Bagdad on voit, dit-on, des centaines de leurs nids sur les maisons, les murs et les arbres ; et à Persépolis, ou Chilmanar, en Perse, les colonnes ruinées en sont couvertes.

On voit à la ménagerie Royale, à Paris, le marabou du Sénégal, espèce de cigogne qui donne les plumes si recherchés pour la parure des dames.

LE HÉRON.

Le héron commun n'est pas rare dans les îles britanniques : il a environ trois pieds trois pouces de longueur ; le bec brun a six pouces de long ; les plumes de la tête sont longues et forment une crête élégante ; le cou est blanc et marqué sur le devant d'un double rang de mouchetures noires ; la couleur générale du plumage est un gris-bleu ; le milieu du dos est presque nu, couvert par les longues plumes des scapulaires ; les plumes du cou sont longues et retombent sur la poitrine ; le dessous des ailes est noir ; les jambes sont d'un jaune verdâtre, et le bord intérieur de l'ongle du milieu est dentelé. La femelle n'a point de huppe, et les plumes de sa pointrine sont courtes.

Le héron est admirablement conformé pour sa manière de vivre. Il a de longues jambes pour pénétrer dans l'eau, un long cou pour y chercher sa proie, et un large gosier pour l'avaler ; ses ongles sont longs et armés de talons forts et crochus ; celui du milieu, dentelé en dedans comme un peigne, lui sert à retenir le poisson glissant ; son bec est armé de dentelures tournées en arrière, avec lesquelles il saisit d'abord sa proie ; ses ailes larges , concaves , et en apparence trop lourdes pour un corps aussi mince , lui sont très-utiles pour l'aider à la transporter jusqu'à son nid , qui est quelquefois à une très-grande distance ; son corps est très-petit, efflanqué , aplati par les côtés et beaucoup plus couvert de plumes que de chair.

De tous les oiseaux connus, celui-ci est le plus formidable ennemi des poissons ; il blesse ceux qu'il ne peut pas emporter à cause de leur grosseur, mais les petits sont sa subsistance ordinaire. Sa manière de les prendre est d'avancer le plus possible dans l'eau, où il se tient immobile, attendant patiemment l'approche de sa proie ; ils saisit alors avec son bec tous les poissons qui s'offrent à sa vue. Willoughby dit qu'il a vu un héron qui avait dix-sept carpes à la fois dans le ventre ; il les digérait en six ou sept heures, et recommençait ensuite sa pêche. Un gentilhomme qui avait un héron privé, voulant savoir combien il pouvait manger de poisson par jour , lui en mit une certaine quantité dans une cuve d'eau : il compta qu'il en mangeait cinquante tous les jours. D'après ce calcul, un seul héron peut détruire quinze cents carpes dans l'espace de six mois.

Quoique cet oiseau prenne ordinairement sa

proie en marchant dans l'eau, cependant il la saisit souvent en volant ; mais cela n'a lieu que dans les eaux basses , où il plonge dessus avec plus de sûreté, que dans celles qui sont profondes; car le poisson a beau se réfugier au fond pour éviter son ennemi, le héron, avec ses ongles et son long bec, l'y saisit à l'instant même. On le voit souvent après avoir plongé son long cou dans l'eau pendant une minute, s'élever dans l'air avec une truite ou une anguille qui se débattent dans son bec, l'oiseau avide se pose sur le rivage , et ne lui donnant quelquefois pas le temps d'expirer, avale le poisson tout entier, puis retourne à sa pêche.

La chasse du héron était autrefois un des premiers divertissemens de l'Angleterre, et il y avait une amende de vingt schelings pour ceux qui auraient dérobé les œufs de cet oiseau. Sa chair était aussi très-estimée, et évaluée au même prix que celle du paon.

Pendant l'été, le héron trouve une nourriture abondante, mais dans l'hiver sa proie ne vient plus s'offrir d'elle-même à lui; le poisson qui, dans la belle saison, venait au bord de l'eau, demeure au fond pour y trouver de la chaleur ; les grenouilles et les lézards quittent rarement leurs retraites, et dans cette disette le héron ne résiste et ne se soutient qu'à force de patience et de sobriété ; il est forcé, pendant ce temps, de vivre des herbages qui croissent sur l'eau, et il contracte une mélancolie que l'abondance ne peut pas faire disparaître entièrement. Ce misérable oiseau éprouve alternativement l'excès de la famine et de l'abondance : aussi n'engraisse-t-il jamais, malgré l'étonnante quantité de nourriture qu'il avale ; et quoique son jabot soit presque toujours plein, à peine sa peau suffit-elle à couvrir ses os.

Comme le héron cause un dégât incroyable dans les étangs nouvellement empoissonnés, Willoughby a imaginé un moyen de le prendre, lorsqu'on a découvert le lieu qu'il fréquente. On se procure trois ou quatre petits poissons, qu'on enfile par les ouïes jusqu'à la queue avec un crochet qui tient à une longue ligne de fil d'archal ; ils vivent encore avec cela cinq ou six jours : on les jette alors dans l'eau à l'endroit le moins profond, et l'on attache l'autre bout de la ligne à une pierre, à quelque distance. Le héron, en saisissant le poisson, se prend lui-même au crochet. Il faut prendre garde que le poisson ne soit pas mort ; car, dans ce cas, l'oiseau n'y toucherait pas.

Quoique le héron vive principalement parmi les étangs et les marais, cependant il bâtit son nid

au sommet des arbres les plus élevés, et quelquefois sur les rochers au bord de la mer. On en voit
assez souvent jusqu'à quatre-vingts sur un seul
arbre. Ces oiseaux ne s'assemblent jamais par
troupes pour pêcher; ils commettent leurs dépré-
dations dans le silence et la solitude; mais ils se
réunissent pour faire leur nid, et une société
toute entière occupe souvent le même canton de
forêt. Leur nid est composé de branches sèches
et tapissé de laine. La femelle pond quatre ou
cinq œufs d'un bleu verdâtre. Leur indolence naturelle ne se dément pas au moment de bâtir leur
nid; car, s'ils en peuvent trouver d'abandonnés,
ils s'en emparent, se contentant de les agrandir
et de les garnir de laine nouvelle. Ils chassent
les propriétaires du nid, lorsque par hasard ils
viennent le reclamer.

Lorsqu'on prend ces oiseaux jeunes, il est possible de les apprivoiser; mais les vieux refusent
toute espèce de nourriture, et se laissent mourir
de désespoir.

Anciennement, en France, on avait imaginé de
rassembler ces oiseaux, et de les fixer dans des mas-
sifs de grands bois près des eaux, ou même dans
des trous, en leur offrant des aires commodes où
ils venaient nicher. La mauvaise chair de cet oi-

seau était qualifiée de *viande royale*, et servie comme un mets de parade dans les banquets.

Les hérons ont grand soin de pourvoir à la subsistance de leurs petits, qui sont très-voraces et très-importuns. La quantité de poisson qu'ils détruisent dans cette occasion est surprenante.

On prétend que la vie de cet oiseau est très-longue. Selon M. Kœpfler, il peut passer soixante ans. Sa longévité est encore confirmée par une anecdote récente d'un héron pris en Hollande, qui avait à une jambe un anneau d'argent, avec une inscription qui portait qu'il avait été pris trente-cinq ans avant par les faucons de l'électeur de Cologne.

Le héron brun a le dessus de la tête, du cou, du dos et les côtés des ailes d'un brun cendré ; les plumes scapulaires sont terminées de blanc avec une raie noire sur chaque côté des ailes ; le cou, la poitrine et le ventre sont blanchâtres, tachetés de noir, les cuisses jaunâtres ; la queue est brun foncé, et les plumes les plus longues ont six ou sept pouces.

Le héron bleu est à peu près de la taille du commun. Il a environ trois pieds de hauteur depuis le bec jusqu'aux pieds, et il pèse trois livres : pour la forme et la couleur, le bec est semblable à celui du héron commun, il est seulement un peu crochu à la pointe de la mandibule supérieure ; il a sur le sommet de la tête une belle huppe qui paraît bleu de ciel ; le devant de la tête et le dessous des yeux sont blancs ; les couvertures et les scapulaires des ailes, bleu pâle ; la queue est noire, bordée de bleu, et le reste du corps bleuâtre ; les pieds sont jaunes, les ongles très-longs, et celui du milieu est dentelé. Cet oiseau est curieux et très-rare.

John Leo, dans son Histoire d'Afrique, parle d'un oiseau qui, selon la description qu'il en donne, ressemble beaucoup au héron ; seulement le bec, le cou et les jambes sont un peu plus courts. Ces oiseaux vivent long-temps. Cependant, devenus vieux, ils se dépouillent de leurs plumes ; alors ils retournent à leur nid, où les plus jeunes prennent soin de les nourrir. Ils placent leur nid sur de hauts rochers, ou sur le sommet des montagnes désertes, principalement sur le mont Atlas, où ceux qui connaissent les lieux vont les prendre. Les Italiens ont cru que c'était un oiseau de proie, mais l'auteur que nous citons n'est pas de cette opinion. Un oiseau du Brésil, appelé le soco, ressemble aussi, à quelques égards, au petit héron.

LA GRUE.

Cet oiseau a environ cinq pieds de long; le bec a quatre pouces de longueur; le plumage est en général cendré, le front est noir; les tempes sont blanches. Il y a dessus le cou un espace de deux pouces, nu et rouge, couvert de quelques petits poils noirs; les grandes pennes des ailes sont noires; de dessous les ailes sortent de larges plumes à filets, qui se troussent en panaches, et retombent avec grâce sur la queue; les jambes sont noires. On voit les grues par troupes nombreuses dans les parties septentrionales de l'Europe. Elles font leurs nids dans des marais, et pondent deux œufs bleuâtres. Elles se nourrissent de reptiles de toute espèce, et de toutes sortes de grains. Lorsque le blé est vert, elles en font un grand dégât.

Les grues sont oiseaux de passage; l'hiver, elles habitent les climats chauds de l'Égypte et des Indes; et au printemps, elles retournent dans le nord pour y couver, choisissant ordinairement les lieux qu'elles avaient occupés l'année précédente. Elles portent leur vol très-haut, et se mettent en ordre pour voyager; elles forment ordinairement un triangle, comme pour fendre l'air plus aisément. Quand le vent se renforce et menace de rompre leurs rangs, elles se resserrent en cercle; ce qu'elles font aussi quand l'aigle les attaque. Leur passage se fait le plus souvent dans la nuit, mais leur voix éclatante avertit de leur marche: dans ce vol de nuit, le chef fait entendre fréquemment une voix de réclame, pour avertir de la route qu'il tient. Ce cri est répété par toute la troupe, comme pour faire connaître que chacun tient et suit son rang.

Le vol de la grue est toujours soutenu, quoique marqué par diverses inflexions; ses vols différens ont été observés comme des présages des changemens du ciel et de la température: sagacité que l'on peut bien accorder à un oiseau qui, par la hauteur où il s'élève dans la région de l'air, est en état d'en découvrir ou sentir de plus loin que nous les mouvemens ou les altérations. Les cris des grues, dans le jour, indiquent la pluie; des clameurs plus bruyantes et comme tumultueuses, annoncent la tempête; si, le matin ou le soir, on les voit s'élever et voler paisiblement en troupe, c'est un indice de sérénité; au contraire, si elles pressentent l'orage, elles baissent leur vol et s'abattent en terre. La grue a, comme tous les grands oiseaux, excepté ceux de proie, quelque peine à prendre son essor. Elle court quelques pas, ouvre ses ailes, s'élève peu d'abord, jusqu'à ce qu'étendant son vol, elle déploie une aile puissante et rapide.

A terre, les grues rassemblées établissent une garde pendant la nuit; et la circonspection de ces oiseaux a été consacrée dans les hiéroglyphes, comme le symbole de la vigilance. La troupe dort la tête cachée sous l'aile; mais le chef veille, la tête haute; et si quelque objet le frappe, il en avertit par un cri. Selon Kolbe, les grues sont en grand nombre dans les marais du cap de Bonne-Espérance. Il dit qu'il n'en a jamais vu de rassemblées en troupe sur la terre, qui n'eussent établi une sentinelle. Cette sentinelle se tient sur une jambe allongeant le cou de temps en temps pour mieux observer; et à l'approche du moindre danger, elle en avertit toute la troupe, qui s'envole sur-le-champ. Kolbe ajoute aussi que, pendant la nuit la grue chargée de veiller à la sûreté des autres tient dans la serre du pied sur lequel elle n'est point appuyée, une pierre extrêmement grosse, afin que, si elle se laisse surprendre par le sommeil, la chute de cette pierre puisse la réveiller.

Les grues paraissent en France au printemps et à l'automne; mais la plupart ne font que passer rapidement, et ne s'arrêtent point. On les trouvait autrefois, par grandes troupes , dans les terrains marécageux des provinces de Lincoln et de Cambridge ; mais on n'en voit plus maintenant, et on ne connaît pas la raison de cet éloignement. La chair de cet oiseau est noire, dure et mauvaise.

L'ARGALA ou GRANDE GRUE.

CETTE espèce de grue , encore peu connue, est d'uue grosseur prodigieuse : elle n'a pas moins de six à sept pieds de hauteur , et quinze d'envergure ; son bec a seize pouces de tour à sa base ; il est aplati et d'une forme à-peu-près triangulaire ; la tête et le cou, dénués de plumes, ne sont couverts que de quelques poils clair-semés, qui laissent presqu'à nu une peau rouge et calleuse ; au milieu du cou, sur le devant, pend une longue membrane conique en forme de vessie ; le ventre est couvert d'une espèce de duvet blanchâtre ; les plumes du dessus du corps sont cendrées ; les ailes sont brunes ainsi que la queue ; les jambes et la moitié des cuisses sont nues.

Cet oiseau habite le Bengale et Calcutta , et on

le trouve quelquefois sur les côtes de Guinée. Il arrive dans l'intérieur du Bengale avant la saison des pluies, et se retire au temps sec. Son aspect est sale et dégoûtant, mais il est extrêmement utile dans ces contrées, qu'il purge des insectes malfaisans, des serpens et des reptiles. Il semble achever l'ouvrage commencé par le chacal et le vautour, car ceux-là ne dévorent que la chair des animaux, et laissent les os, qu'il avale tout entiers. Ces oiseaux se nourrissent aussi de poissons, et l'un d'eux peut en dévorer une quantité suffisante pour rassasier quatre hommes. En ouvrant le corps d'un agala, on y trouva une tortue de terre, longue de dix pouces, et un gros chat noir, encore tout entiers; la première dans le jabot, et le second dans l'estomac. La vue de l'homme n'intimide pas cet oiseau, et il se familiarise aisément; lorsqu'on lui jette du poisson ou d'autre nourriture, il le saisit avec adresse, et l'avale tout entier.

Les Indiens croient que les âmes des brachmanes animent ces oiseaux, et que, par conséquent ils sont invulnérables. Ils ont pour eux la plus profonde vénération.

Au Japon, le peuple a aussi pour les grues le plus grand respect. Les Kalmouks de Koulaguéna regardent ces oiseaux comme les plus purs qui existent, et ils n'en tuent jamais Les anciens ayant remarqué les migrations régulières des grues du nord au midi et du midi au nord, les désignaient par les noms d'oiseaux de Lybie, et d'oiseaux de Scythie, qui étaient alors les extrémités du monde connu. De celles qui partaient de ces régions, une partie s'arrêtait en Grèce ; mais la Thessalie était la contrée où paraissait le plus grand nombre : aussi l'appelait-on *les pâturages des grues*.

Les argalas vont par troupes nombreuses ; à une certaine distance, lorsqu'on les voit à l'embouchure des fleuves, et qu'on est en face d'elles, comme elles avancent toujours les ailes étendues, on les prendrait pour des canots voguant sur la surface d'une mer tranquille ; et lorsqu'elles sont sur les bancs de sable, pour des hommes et des femmes ramassant des coquillages. M. Smeathman a élevé en Afrique un oiseau de cette espèce qui était devenu extrêmement familier. Pendant le dîner, il se plaçait régulièrement à table, derrière la chaise de son maître, et souvent avant qu'aucun convive ne fût entré dans la salle. Les domestiques étaient obligés de le surveiller de près, et même de le frapper à coups de baguette, pour l'empêcher de toucher aux plats ; mais malgré cette précaution, il dérobait toujours quelque chose. Il

enleva une fois de dessus la table une volaille
bouillie, qu'il avala tout entière. Il restait quelquefois dans la salle pendant une demi-heure après
le dîner, tournant la tête de côté et d'autre, comme
s'il eût pris part à la conversation. Son courage
n'égalait pas sa voracité, car un enfant de huit ou
dix ans pouvait le faire fuir ; cependant il semblait vouloir se mettre sur la défensive en ouvrant
son large bec d'un air menaçant et jetant des cris
effrayans. Il se nourrissait d'oiseaux, de reptiles
et de petits quadrupèdes ; et quoiqu'il eût bien
voulu détruire la volaille, il n'osa jamais attaquer
ouvertement une poule entourée de ses petits.
On lui vit une fois avaler un chat tout entier, et
il ne fit que deux morceaux d'un os de cuisse de
bœuf.

Des grues furent cause que le meurtre d'Ibicus
ne demeura point sans vengeance. Ce célèbre
poète lyrique grec devait épouser la jeune Néréis.
Quelques jours avant la noce, sa future le char-
gea d'aller remplir une mission à Orope. Il revenait de cette ville, et composait, chemin fesant,
l'épithalame de son mariage. L'enthousiasme poé-
tique s'empara tellement de son esprit, qu'il s'at-
tarda et même s'égara dans les champs. Au coucher du soleil, il ne reconnaît point les lieux où
il se trouve, ni la route qu'il doit tenir. Il aper-

çoit une espèce de pâtre ; il court à lui, et lui demande le chemin d'Athènes. « Vous en êtes » un peu éloigné ; mais si vous le désirez, je vous » mettrai sur la route. » Ibicus accepte, et promet une récompense. Son guide le mène à travers les montagnes. La nuit se lève, l'ombre s'étend ; déjà ils ne marchaient qu'à la lueur du crépuscule. « Eh bien, avançons-nous ? demande Ibicus. » — Oui, nous approchons. Mais j'aperçois deux » hommes qui m'inquiètent : ils ont mauvaise » mine. — Qu'importe leur mine, ne sommes-nous » pas deux aussi ? — Puisque vous êtes si brave, » préparez-vous au combat, car ils viennent à » nous. » Le poète s'arme de son bâton, et attend fièrement ses assassins : son conducteur se place derrière lui, et le frappe d'un poignard. Ibicus se retourne furieux, et d'un coup de bâton l'étend par terre. Soudain les deux autres scélérats l'assaillent l'épée à le main : il se défend longtemps avec une bravoure extrême ; il casse le bras à l'un d'eux, mais l'autre à l'instant le perce d'un coup d'épée. Ibicus tombe, et, avant d'expirer, voit une bande de grues qui passaient sur sa tête : « Ces oiseaux, dit-il aux brigands, sont témoins » de votre crime, il ne restera pas impuni. » Six mois s'écoulèrent, et, malgré les plus grandes perquisitions, les assassins, enveloppés dans leur secret, bravaient la vindicte publique. Mais un jour, dans le marché d'Athènes, ils aperçurent des grues ; l'un d'eux dit en riant à ses camarades : « Voilà les témoins du poète Ibicus. » Comme sa mort avait fait beaucoup de bruit, une jeune fille de quatorze ans, ayant ouï le propos, prévenue d'ailleurs par la mauvaise mine des trois personnages, courut le répéter à un archonte. Sur ce faible indice, ils furent arrêtés : leur trouble, l'ambiguité de leurs réponses, confirmèrent les soupçons ; on leur donna alors la question. La force des tourmens leur arracha l'aveu de leur crime, et ils furent condamnés à être précipités dans le Barathre.

LE BUTOR.

Cet oiseau est moins gros que le héron commun. Son bec est plus faible, et n'a que quatre pouces de long. L'ouverture en est très-large ; il est fendu fort au-delà des yeux, tellement qu'on les dirait situés sur la mandibule supérieure. Le sommet de la tête est noir ; le plumage est d'un jaune pâle, varié de noir ; quelques parties des ailes sont couleur de rouille, rayées de noir ; les plumes de la poitrine, longues et lâches ; la queue est très-courte. Les jambes sont verdâtres, les ongles faibles et longs ; et celui du milieu est dentelé dans l'intérieur.

Le butor est extrêmement sauvage ; il n'habite que les marais d'une certaine étendue où il y a beaucoup de joncs ; il se tient de préférence sur les grands étangs environnés de bois ; il y mène une vie solitaire et paisible, couvert par les roseaux, également caché pour le chasseur qu'il craint, et pour la proie qu'il guette ; il reste des jours entiers dans le même lieu, et semble mettre toute sa sûreté dans la retraite et l'inaction. Il ne voyage ou ne change de domicile qu'en automne et au coucher du soleil. Les précautions du butor pour se rendre invisible et inabordable, semblent dirigées par le soin et la circonspection ; il tient sa tête élevée, et comme il a plus de deux pieds et demi de hauteur, il voit par-dessus les roseaux sans être aperçu du chasseur.

Sa principale nourriture pendant l'été consiste en poissons et en grenouilles. Mais en automne il va dans les bois chasser aux rats, qu'il prend fort adroitement et avale tout entiers ; il devient ordinairement très-gras dans cette saison.

Le butor est, en général, moins stupide que le héron ; mais il est beaucoup plus féroce : quand il est pris, il s'irrite, se débat, et en veut surtout aux yeux de son antagoniste. Il y a peu d'oiseaux qui se défendent avec autant de sang-froid ; il n'attaque jamais, mais lorsqu'il est attaqué il combat courageusement, et se bat bien sans se donner beaucoup de mouvement. Si un oiseau de proie fond sur lui, il ne fuit pas ; il l'attend debout, et le reçoit sur le bout de son bec qui est très-aigu ; l'ennemi blessé se retire en criant. Les vieux busards n'attaquent jamais le butor, et les faucons communs ne le prennent que par-derrière et lorsqu'il vole. Il se défend même contre le chasseur qui l'a blessé ; au lieu de fuir, il l'attend, et lui lance dans les jambes des coups de bec si violens, qu'il perce les bottines et pénètre fort avant dans les chairs : plusieurs chasseurs en ont été blessés grièvement. On est obligé d'assommer ces oiseaux, car ils font résistance jusqu'à la mort.

Quelquefois le butor se renverse sur le dos, comme les oiseaux de proie, et se défend autant des griffes, qu'il a très-longues, que du bec ; il prend cette attitude lorsqu'il est surpris par un chien.

Pendant les mois de février et de mars, le soir et le matin, les mâles font entendre un bruit sourd

6.

et profond, qui ressemble assez au mugissement interrompu d'un taureau, mais plus fort, et qu'on peut distinguer à la distance d'un mille. Ce bruit extraordinaire est produit par une peau mince, expansible, élastique, située à la bifurcation de la trachée. Cette peau se remplit d'air qui s'échappe avec effort et en mugissant. On croyait autrefois que l'oiseau faisait ce bruit en plongeant son bec dans la vase, et on le regardait comme le présage de quelque malheureux événement. Mais, quelque effrayant qu'il puisse être pour nous, il est bien reconnu qu'il est pour ces oiseaux un appel à l'amour et au bonheur.

Ces oiseaux font leur nid presque sur l'eau, au milieu des roseaux, dans le mois d'avril : ils ne sont composés que de feuilles de plantes aquatiques et de joncs secs. La femelle pond quatre ou cinq œufs d'un brun verdâtre, qu'elle couve pendant vingt-cinq jours. Les jeunes naissent presque nus, et sont d'une figure hideuse ; ils semblent n'être que cou et jambes ; ils ne sortent du nid que plus de vingt jours après leur naissance. Le père et la mère les nourrissent, dans les premiers temps, de sangsues, de petits poissons et de grenouilles. On prétend que les busards, qui dévastent les nids de tous les autres oiseaux de marais, attaquent rarement celui du butor, à cause de la vigilance continuelle avec laquelle il le défend.

Latham dit qu'on tua, dans une gelée d'hiver, un butor femelle, et qu'on lui trouva dans l'estomac plusieurs lézards entièrement conservés et quelques restes de crapauds et de grenouilles : on suppose que cet oiseau les avait pris dans la vase du marais où il fut tué.

Sous le rège de Henri VIII, la chair du butor était très-estimée à la table des grands : elle est assez agréable, et a la saveur de celle du lièvre : les marchands de volaille estiment cet oiseau une demi-guinée; il est par conséquent très-recherché par les oiseleurs; et comme il est lent et lourd, il est rare qu'il leur échappe. Cependant, à la fin de l'automne, son indolence naturelle paraît l'abandonner, car on le voit tous les soirs s'élever dans les airs à perte de vue, en décrivant une ligne spirale, et en jetant en même temps un cri singulier, mais très-différent de celui qu'il fait entendre au printemps. L'ongle de derrière de cet oiseau est d'une longueur extraordinaire : on croyait autrefois qu'il était un excellent préservatif pour les dents, et on s'en servait en forme de curedents.

L'AVOCETTE.

Cet oiseau se trouve principalement en Italie, dans les environs de Milan et de Rome, et quelquefois en hiver sur les côtes orientales des provinces de Suffolk et de Norfolk, dans les îles britanniques. Son corps est de la grosseur d'un pigeon, mais plus long et plus mince, ayant quatorze pouces depuis le bout du bec jusqu'à l'extrémité de la queue : il pèse environ neuf onces. Son bec, long de quatre pouces, est noir, plat, pointu à l'extrémité, et recourbé en haut, particularité qu'on ne trouve que dans cet oiseau ; la langue est courte et n'est point fourchue ; la tête est petite, arrondie, et noire sur le sommet ; le dessous du corps est entièrement blanc ; le dos et les couvertures des ailes sont blancs, tachetés de brun ; les jambes longues, bleues et dépouillées de plumes jusques au-dessus du genou ; les ongles noirs et très-petits. Cet oiseau a la démarche majestueuse et leste en même temps.

Ses jambes nues jusques au-dessus du genou nous font naturellement présumer qu'il pénètre dans les eaux pour y chercher sa nourriture ; en quoi il aurait quelque affinité avec la grue : cependant il en diffère par un caractère plus essentiel, puisqu'il a les pieds palmés comme le canard. Johnson dit qu'il a un cri vif et aigu : mais il ne parle pas de ses autres habitudes, et nous les ignorons absolument.

D'après tous les détails qu'on a pu recueillir jusqu'ici, le *coureur* d'Aldrovande doit être rangé dans la même classe que l'avocette ; mais il est encore moins connu ; et tout ce que cet auteur nous apprend sur cet oiseau, c'est qu'il est, de tous les oiseaux à pieds palmés, celui qui a les jambes les plus longues, à l'exception de l'avocette et du flammant ; que le bec est étroit, jaune et noir seulement à l'extrémité ; que le dessus du corps est gris de fer, le ventre blanc et la queue composée de deux plumes blanches terminées de noir.

LE MERLE D'EAU.

Si l'on consulte les habitudes , les mœurs , l'instinct des diverses espèces de merles, on voit qu'il en est qui vivent isolées ou par couple pendant toute l'année; que d'autres se réunissent à l'arrière saison , en troupes dispersées, et que d'autres ne s'y tiennent qu'en familles. Toutes sont insectivores. Les mêmes endroits ne leur conviennent pas pour nicher : les unes placent leur nid , presqu'à terre , dans les broussailles ; d'autres au centre d'un buisson épais , plus ou moins élevé ; d'autres sur les arbres. Les merles de roche s'attachent au plafond d'une caverne ; les merles roses et plusieurs espèces étrangères , se cachent dans les rochers , ainsi que les merles bleus ou solitaires, qui quelquefois le construisent à la cime des édifices les plus élevés , enfin , il en est qui le suspendent entre les roseaux. Le merle est assez recherché pour son chant , surtout à cause de la facilité qu'il a de se perfectionner, de retenir les airs qu'on lui apprend , et d'imiter ce qu'il entend. A cause de cette étonnante faculté, l'une de ces espèces a acquis le nom de moqueur, et nous en avons parlé dans notre précédent volume.

Le merle d'eau, espèce très-variée, ressemble au merle chanteur par sa taille, qui est seulement un peu plus petite: le bec est noir et étroit; les paupières sont blanches; les parties supérieures du corps, ainsi que le cou, d'un brun foncé; les inférieures noires ainsi que la queue; le dessous du cou et la poitrine blancs ou jaunâtres; les jambes noires.

Le merle d'eau court sur le bord des ruisseaux et des fontaines, qu'il ne quitte jamais, fréquentant de préférence les eaux vives et courantes, dont la chute est rapide et le lit entrecoupé de pierres et de morceaux de rocher.

Les habitudes naturelles de cet oiseau sont très-singulières : les oiseaux d'eau qui ont les pieds palmés nagent sur l'eau ou s'y plongent : ceux de rivages, montés sur de hautes jambes nues, y entrent assez avant sans que leur corps y trempe : le merle d'eau y entre tout entier en marchant et en suivant la pente du terrain : on le voit se submerger peu à peu, d'abord jusqu'au cou, et ensuite par-dessus la tête, qu'il ne tient pas plus élevée que s'il était dans l'air; il continue de marcher sous l'eau, descend jusqu'au fond et s'y promène comme sur le rivage sec. M. Hébert a communiqué à M. de Buffon le récit suivant sur cette habitude extraordinaire.

« J'étais embusqué sur les bords du lac de Nantua, dans une cabane de branches de sapins, où j'attendais patiemment qu'un bateau qui ramait sur le lac fît approcher du bord quelques canards sauvages ; j'observais sans être aperçu. Il y avait devant ma cabane une petite anse : dont le fond en pente douce pouvait avoir deux ou trois pieds de profondeur dans son milieu ; un merle d'eau s'y arrêta, y resta plus d'une heure, et j'eus le temps de l'observer tout à mon aise. Je le voyais entrer dans l'eau, s'y enfoncer, reparaître à l'autre extrémité de l'anse, et revenir sur ses pas ; il en parcourait tout le fond sans paraître avoir changé d'élément ; en entrant dans l'eau, il n'hésitait ni ne se détournait ; je remarquai seulement, à plusieurs reprises, que toutes les fois qu'il entrait plus haut que les genoux, il déployait ses ailes et les laissait pendre jusqu'à terre. Je remarquai encore que, tant que je pouvais l'apercevoir au fond de l'eau, il me paraissait comme revêtu d'une couche d'air qui le rendait brillant. Semblable à certains insectes du genre des scarabées, qui sont toujours dans l'eau au milieu d'une bulle d'air, peut-être n'abaissait-il ses ailes, en entrant dans l'eau, que pour se ménager cet air ; mais il est certain qu'il n'y manquait jamais, et il les agitait alors comme s'il eût tremblé. Ces habitudes singulières du merle d'eau étaient inconnues à tous les chasseurs à qui j'en ai parlé; et sans le hasard de la cabane de sapins, je les aurais peut-être aussi toujours ignorées; mais je puis assurer que l'oiseau venait presque à mes pieds, et pour l'observer long-temps, je ne le tuai point. »

Les merles d'eau se trouvent dans plusieurs parties de l'Europe. La femelle fait son nid sur la terre, près des ruisseaux : elle le compose de mousse et de feuilles sèches, et le cache avec soin ; elle pond quatre ou cinq œufs blancs, teints de rouge. Une couple de ces oiseaux bâtissaient leur nid depuis plusieurs années sous un petit pont de bois ; en ayant trouvé un au commencement du mois de mai, on le prit ; mais il n'y avait pas d'œufs : au bout d'une quinzaine de jours, les oiseaux avaient terminé un autre nid contenant cinq œufs, qui furent pris. Un mois après, on prit encore, sous le même pont, un autre nid contenant quatre œufs, et qui ne pouvaient, selon toutes les apparences, appartenir qu'aux mêmes oiseaux, puisqu'on n'en voyait pas d'autres dans ce lieu. Enfin, le dernier nid fut pris pendant que la femelle était dedans ; elle plongea sur-le-champ dans l'eau, et disparut pendant long-temps, jusqu'à ce qu'on l'en vît sortir à une distance considérable. Une autre fois on trouva un nid de merles d'eau sur une petite éminence couverte de mousse : le nid était si bien caché qu'on n'avait pu le découvrir qu'en voyant un des oiseaux y entrer, portant dans son bec un poisson. Les petits étaient presque entièrement couverts de plumes, mais incapables de voler, et au moment où l'on prit le nid, ils coururent dans l'eau, et au grand étonnement des spectateurs, disparurent pendant quelques instans; on les vit reparaître à peu de distance de l'endroit où ils s'étaient plongés, et on eut assez de peine à en prendre deux de cinq qui composaient la couvée.

Cet oiseau prend quelquefois des insectes sur le bord de l'eau : lorsqu'il est troublé, il élève ordinairement sa queue et fait un cri perçant. Son ramage de printemps est, dit on, fort agréable : on croit que dans quelques lieux il est oiseau de passage.

LA POULE D'EAU , ET LA FOULQUE.

Ce genre d'oiseaux est regardé par les naturalistes comme celui qui unit les oiseaux à pieds
palmés , à l'espèce de la grue ; car , quoiqu'ils
aient les longues jambes et le long cou de la dernière , ils ont cependant les doigts unis par une
légère membrane qui les rend capables de nager
comme les premiers. Les principaux sont : la poule
d'eau , et les foulques ; quoiqu'ils soient rangés en
différentes classes par ceux qui aiment les distinctions exactes et scrupuleuses , on peut dire
qu'ils se ressemblent parfaitement pour la conformation , le plumage et les habitudes : ils ont
tous de longues jambes et les cuisses presque
nues ; leur cou est proportionnellement long ,
leurs ailes courtes et leur bec très-faible ; leur plumage est généralement noir , et leur front dénué
de plumes et recouvert d'une membrane épaisse :
voilà leurs ressemblances. Les différences légères
qui existent entre eux sont principalement dans
la grosseur ; la poule d'eau ne pesant que quinze
onces, et la foulque vingt-quatre : la partie nue
du front est noire dans la foulque , et violette
dans la poule d'eau : les doigts de la poule d'eau

sont garnis, dans toute leur longueur, d'un bord membraneux; ceux de la foulque sont plus larges et découpés. Leur manière de vivre est encore plus semblable que leur figure; c'est pourquoi l'histoire d'un de ces oiseaux pourra servir pour l'autre. Les oiseaux de l'espèce de la grue ont de longues ailes et peuvent aisément changer de lieux; mais la poule d'eau ayant les ailes courtes, est obligée de demeurer exclusivement près des endroits où elle trouve sa nourriture : forcée par la nature et peut-être aussi par son inclination à ne point voyager, elle ne quitte jamais les rives du lac ou de la rivière qu'elle fréquente; elle choisit les lieux ombragés et bordés par des arbrisseaux; elle cherche sa nourriture le long des rivages et quelquefois sur la surface de l'eau; son nid, posé tout au bord de l'eau, est construit d'un assez gros amas de débris de roseaux et de joncs entrelacés; ses œufs sont blancs, tachetés irrégulièrement de brun rougeâtre; elle fait deux ou trois pontes par an; dès que les petits sont éclos, ils courent et suivent leur mère qui les mène à l'eau.

La poule d'eau semble préférer les lieux habités; mais la foulque est solitaire et ne quitte point les rivières et les lacs bordés d'arbres; elle compose son nid d'herbes aquatiques, et le place parmi les roseaux, où il flotte sur la surface de l'eau ; il est ordinairement attaché assez solidement pour ne pas craindre de le voir submerger ; mais enfin s'il arrive qu'il soit livré au courant de l'eau, l'oiseau ne le quitte pas, et le gouverne avec ses pieds jusqu'à ce qu'il soit rentré dans le port, où il continue de couver tranquillement, quoique l'eau ait pénétré le nid, et il élève ses petits dans cette habitation humide.

L'HUITRIER.

CET oiseau est très-commun sur les côtes occidentales de la Grande-Bretagne : il pèse ordinairement une demi-livre, son bec, d'une couleur orange, a deux pouces et demi de long, il est pointu, et la partie supérieure est plus longue que l'inférieure ; les yeux et les paupières sont d'un beau rouge ; la tête, le cou, les épaules sont noirs, ainsi que le manteau des ailes. Il y a un collier blanc sur la gorge, tout le dessus du corps, depuis la poitrine est blanc, ainsi que le bas du dos, et la moitié de la queue dont la pointe est noire ; les jambes et les pieds sont d'un jaune-rouge, et les doigts sont unis par une espèce de membrane.

Cet oiseau a été appelé *pie de mer*, à cause de son plumage blanc et noir, et parce qu'il vit sur le bord de la mer. La facilité avec laquelle il prend les huîtres, lui a fait donner aussi le nom d'*huîtrier* : lorsqu'il en aperçoit une, il attend patiemment qu'elle ait entr'ouvert sa coquille, alors il l'en détache par le moyen de son bec, avec une promptitude surprenante, et l'avale. Les huîtriers se nourrissent aussi de moules, et de toutes sortes de coquillages, mais quoique leur nourriture soit bonne, leur chair est dure et de très-mauvais goût.

———

LES PHALAROPES.

Il y en a trois variétés. Le commun ressemble parfaitement à la guignette, à l'exception des pieds, dont les doigts, comme ceux de la foulque, sont frangés d'une membrane en festons. Ce sont de très-petits oiseaux, qui pèsent à peine une once. Le phalarope cendré a le dessus du corps gris-cendré, varié de brun et de blanc, la poitrine et le ventre blancs. Le phalarope rouge a les parties supérieures du plumage d'un rouge-brun, tacheté de jaune noirâtre, et les parties inférieures rouge de brique. Ces oiseaux ne sont pas très-communs : on ne les trouve que dans les lieux marécageux.

***

LE GRÈBE.

Cet oiseau est un peu plus gros que l'huîtrier et le phalarope, et son plumage est noir et blanc. Par sa conformation, le grèbe ne peut être qu'un habitant des eaux ; ses jambes, très-courtes, placées tout-à-fait en arrière, et presque enfoncées dans le ventre, ne laissent paraître que des pieds en forme de rames, dont la position et le mouvement naturel sont de se jeter en dehors, et ne peuvent soutenir à terre le corps de l'oiseau, que lorsqu'il se tient droit à plomb.

Le grèbe construit son nid avec des roseaux et des joncs entrelacés ; il est à demi plongé et comme flottant sur l'eau, qui cependant ne peut l'emporter, car il est affermi et arrêté contre les roseaux. On dit que la femelle prend le plus grand soin de ses petits, qu'elle les nourrit avec de petites anguilles, et que, lorsqu'ils sont sortis de leurs coquilles, elle les porte sur son dos ou sur ses ailes.

Cet oiseau ne se nourrit que de poissons ; il est presque perpétuellement dans l'eau, où il nage avec une agilité surprenante. Il est très-difficile de le tuer, car à la moindre apparence de danger, il plonge sous l'eau. Il est très-recherché pour le plumage de sa poitrine d'un blanc argenté, doux et brillant comme le satin, et dont on fait de très-beaux manchons. Pendant le temps de l'incubation, la poitrine de cet oiseau est entièrement nue.

Cette espèce comprend un grand nombre de variétés ; la plus belle est celle du grèbe huppé.

CHAPITRE VI.

LA BÉCASSE.

LE genre de la bécasse comprend trente espèces, à la tête desquelles est la bécasse proprement dite. Elle est un peu moins grosse que la perdrix ; elle a environ deux pieds d'envergure, et pèse onze ou douze onces. Le bec, long de trois pouces, est étroit, et l'extrémité de la mandibule supérieure dépasse l'inférieure ; son plumage est un mélange de rouge, de gris, de noir, de bistre, qui produit un très-bel effet ; il y a une ligne noire de chaque côté, entre l'œil et le bec ; la queue, de trois pouces de longueur, est brune en dessus et blanche en dessous ; les jambes et les pieds sont d'un brun pâle, les ongles noirs et très-petits.

Les bécasses fréquentent les bois, et préfèrent ceux où il y a beaucoup de terreau et de feuilles tombées ; elles cherchent des terres molles, les bords humides des ruisseaux, où elles trouvent leur nourriture parmi la terre et la fange : Willoughby dit qu'elles en tirent de petits coquillages, des vers et d'autres insectes ; mais M. Durham croit qu'elles se nourrissent principalement de la substance onctueuse et grasse qu'elles sucent dans la terre, et que la sensibilité des nerfs dont la pointe de leur bec est pourvue, est particulièrement appropriée à ce dessein. C'est le soir, et surtout la nuit, qu'elles sortent de leurs retraites pour aller chercher leur nourriture ; et elles y retournent le matin ordinairement par les mêmes chemins.

Ces oiseaux de passage, pendant l'été, habitent la Norwège, la Suède, la Laponie et d'autres pays septentrionaux, où ils couvent. Cependant, aussitôt que les frimas commencent à se faire sentir, ils se retirent dans des climats tempérés. Ils arrivent par troupes dans la Grande-Bretagne, rarement avant le mois de novembre et de décembre, et presque toujours à la faveur de la nuit. L'époque de leur arrivée dépend principalement du vent, qui, lorsqu'il est contraire, les oblige de s'arrêter en route, n'étant pas capables de résister aux ouragans impétueux de l'océan septentrional. Ces oiseaux sont quelquefois si fatigués après leur route, lorsqu'ils ont eu un mauvais temps, qu'on peut les prendre avec la main sur les côtes où ils sont descendus.

La plus grande partie des bécasses quittent la Grande-Bretagne à la fin de février ou au commencement de mars ; elles s'apparient toujours avant leur départ ; elles se retirent sur la côte , et partent immédiatement, si le vent est favorable ; dans le cas contraire, elles demeurent encore quelque temps dans les bois et les taillis du voisinage. C'est surtout à cette époque que les chasseurs les poursuivent, et qu'ils font retentir les échos de la décharge de leurs armes : une seule personne peut en tuer dix-sept paires dans une journée. Si elles étaient retenues long-temps dans des lieux secs, elles deviendraient si maigres, qu'elles seraient à peine mangeables. Elles saisissent avec empressement le moment où un vent favorable s'élève, pour partir toutes ensemble ; et dans l'endroit où le chasseur en avait vu la veille des centaines, il n'en retrouve pas une seule le lendemain.

La bécasse a de la peine à s'élever de terre , et en s'envolant elle fait un bruit considérable avec ses ailes ; elle plonge derrière les buissons pour se dérober à l'œil du chasseur. On chasse ces oiseaux avec un chien d'arrêt, au cou duquel on a mis un grelot (car sans cette précaution , on ne saurait, la plupart du temps, ce qu'il est devenu, à cause de l'épaisseur du bois), ou avec un épagneul, qui avertit avec la voix chaque fois que la bécasse prend sa volée ; cette dernière chasse est préférée, comme la plus divertissante.

On voit très-peu de bécasses couver en Angleterre, et l'on pense que ce sont celles qui, ayant été blessées en hiver par les chasseurs, ne sont pas en état d'entreprendre leur voyage du printemps. Elles bâtissent leur nid sur la terre, ordinairement au pied d'un arbre, et pondent quatre ou cinq œufs de la grosseur de ceux de pigeon, d'un gris roussâtre, tachetés de brun. Ces oiseaux sont singulièrement familiers pendant le temps de l'incubation. Une personne ayant trouvé une bécasse sur son nid, la toucha souvent, lui donna même quelques petits coups, sans que cela pût la détourner du soin de couver ses œufs et d'élever ses petits.

L'on dit que les œufs de bécasse sont un mets très-friand ; et c'est à leur bonne qualité, et à la grande consommation qu'on en fait en Suède, où ils sont très-recherchés, que M. Cousette, auteur d'un Voyage écrit en anglais, dans la Laponie suédoise, attribue la rareté des bécasses en Angleterre.

Les habitans du nord de l'Europe dont les forêts sont visitées en été par les bécasses, n'en mangent jamais, croyant la chair de ces oiseaux malsaine, par la raison qu'ils n'ont point de jabot.

Dans le Lancashire, on prend un grand nombre de bécasses, la nuit, lorsqu'il fait claire de lune. On place, dans les lieux qu'elles fréquentent ordinairement, des rangs de pierres ou des bâtons à la hauteur de quatre ou cinq pouces, dans lesquels on ménage quelques issues où l'on pose des trappes. Lorsque ces oiseaux viennent chercher leur nourriture, et qu'ils se trouvent arrêtés par ces rangées de pierres, comme ils n'aiment pas à sauter, ils continuent leur chemin, jusqu'à ce que, rencontrant une issue, ils entrent d'eux-mêmes dans la trappe.

LA BARGE.

Cᴇᴛ oiseau a seize pouces de longueur, et pèse
de dix à douze onces : son bec est presque aussi
long que celui de la bécasse, jaunâtre à la base, et
noir à l'extrémité ; la mandibule supérieure dépasse un peu l'inférieure ; la langue est pointue ,
les oreilles sont grandes et ouvertes ; la tête est
d'un brun-clair ou rougeâtre, plus foncé dans le
milieu , et s'éclaircissant vers les yeux ; la poitrine
et le cou sont de la même couleur, mais rayés
transversalement de noir , et les plumes bordées
d'un jaune pâle. Les ailes sont noires et traversées d'une bande blanchâtre ; la queue est rayée
alternativement de lignes noires et blanches ; les
jambes sont d'un brun verdâtre , et les ongles
noirs.

Ces oiseaux fréquentent le bord de la mer et les
terrains sablonneux ; ils se nourrissent de la même
manière que le goëland. La femelle a la gorge et
le cou gris et le croupion blanc, parsemé de petites
taches noires.

LE CHEVALIER VERT.

Cet oiseau n'est pas aussi commun que le précédent. Il a quatorze pouces de longueur; le bec a deux pouces et demi : le dessus du corps est brun cendré, le dessous blanc. Entre l'œil et le bec, il y a une large tache blanche. Les jambes sont vertes. Cet oiseau ressemble à la barge, pour les mœurs et le caractère, mais il pèse la moitié moins.

———

LE CHEVALIER ROUGE.

Cet oiseau pèse environ cinq onces et demie, et a douze pouces de longueur ; le bec, long de deux pouces, est rouge à la base et noir à l'extrémité. La tête, le cou et les scapulaires sont d'un cendré foncé, tachetés de noir. Le dos est blanc, tacheté de noir; la poitrine, de la même couleur, est rayée de noir. Lorsque son nid est

en danger, il fait avec ses ailes un bruit semblable à celui du vanneau.

LA BÉCASSINE.

La bécassine a douze pouces de longueur et
quinze ou seize d'envergure. La tête est divisée
par une ligne d'un rouge pâle, parallèle à une
ligne noire placée de chaque côté ; une autre
ligne rouge passe au-dessus des yeux. Le dessous
du bec est blanc. Les grandes pennes des ailes
sont si longues, qu'elles atteignent presque la
queue. Tout le plumage est agréablement varié de
blanc, de noir, de rouge et de gris ; la queue est
rouge traversée par des lignes noires ; le bec a
trois pouces de long ; la langue est pointue ; les
yeux sont couleur de noisette ; les jambes d'un
vert pâle, les ongles assez longs, et les talons
noirs.

Il y a deux sortes de bécassines ; mais elles fréquentent les mêmes lieux, se nourrissent de la même
manière, et on les trouve souvent ensemble. La plus
grande s'appelle la double bécassine, et l'autre, la petite ou la sourde.

La chair de ces oiseaux est extrêmement délicate et fine. Ils se nourrissent de vers, d'insectes, et
de la substance onctueuse qu'ils savent tirer de la
terre. Ils sont très-recherchés des chasseurs en hiver, mais assez difficiles à tuer, particulièrement les
sourdes.

Les bécassines sont oiseaux de passage. On
suppose qu'elles couvent en Suisse et en Allemagne ; il n'en reste que quelques-unes en
France et en Angleterre, et elles nichent dans
les marais, où l'on trouve leur nid, et leurs
œufs sont au nombre de quatre ou cinq. Elles
arrivent en automne, un peu plus tôt ou un
peu plus tard, selon que le vent leur a été favorable pendant leur route. Elles partent au
printemps, aussitôt que la chaleur du soleil, ab-
sorbant l'humidité de la terre, annonce l'approche
de l'été.

LA GUIGNETTE.

CETTE espèce comprend au moins quarante variétés, parmi lesquelles, outre les deux articles suivans, sont le canut, le cincle ou alouette de mer, le tourne-pierre et le dunlin.

La guignette est un oiseau très-petit, qui surpasse rarement la grive en grosseur, au moins en Angleterre, et qui n'est quelquefois pas plus gros qu'un moineau. Dans les climats chauds, il y en a des espèces plus grosses, quelques-unes étant de la taille du pigeon.

La guignette d'Angleterre pèse environ deux onces ; elle a la tête brune rayée de noir, les couvertures des ailes et le dos bruns, mêlés de vert brillant, le ventre et la poitrine entièrement blancs ; le bec mince et faible, a un pouce et demi de long ; la langue est déliée ; les narines sont petites ; les ongles sont légèrement réunis à la base par une membrane ; celui de derrière est court et faible.

Tous les oiseaux de cette espèce ont une voix perçante, qu'ils font entendre souvent.

———

LE COMBATTANT, VULGAIREMENT PAON DE MER.

Cet oiseau a environ un pied de longueur; son bec a un pouce. La face est couverte d'une multitude de papilles charnues et sanguinolentes. Le derrière de la tête et le cou sont couverts de longues plumes, dont quelques-unes se tiennent élevées au-dessus des yeux, et forment une espèce de fraise, comme celles que portaient jadis nos ancêtres. Ces fraises varient tellement pour la couleur, qu'on ne trouverait pas deux oiseaux qui les eussent semblables : elles sont en général brunes, rayées de noir; on en a vu cependant quelques-unes d'entièrement blanches. Le ventre est blanc ainsi que les couvertures des ailes; la queue est assez longue; les quatre plumes du milieu sont rayées de noir; les autres d'un brun pâle; les jambes sont jaunâtres, et les ongles noirs. La femelle, plus petite que le mâle, est d'une couleur brune; et n'a point de fraise.

La fraise dont les mâles sont ornés au printemps tombe par une mue qui se manifeste chez ces oiseaux vers la fin de juin; les tubercules vermeils qui couvraient leur tête pâlissent et s'oblitèrent; et ensuite elle se recouvre de plumes. Dans cet état on ne distingue plus guère les mâles des femelles. Les combattans sont oiseaux de passage; à chaque printemps, ils arrivent par grandes bandes sur les côtes de Hollande, de Flandre et d'Angleterre, où ils nichent en très-grand nombre, particulièrement dans le comté de Lincoln. On ignore dans quels pays ils vont passer l'hiver. M. Pennant dit qu'on en prit dans une seule matinée six douzaines dans un filet, et qu'un oiseleur en prend quelquefois quarante ou cinquante douzaines dans une saison.

Ces oiseaux ont reçu le nom de combattans à cause de leur humeur guerrière. Le nombre des mâles, excédant de beaucoup celui des femelles dans cette espèce, donne lieu à de grandes contestations et à des combats opiniâtres entre les premiers. Ils luttent de la même manière que les coqs. L'oiseleur saisit l'instant où ces oiseaux se battent pour leur jeter son filet, et il en prend beaucoup; mais l'esclavage ne fait point cesser leur animosité.

On avait généralement cru une chose très-fausse: qu'il fallait, pour que ces oiseaux fussent tranquilles, les renfermer dans des endroits obscurs, parce qu'en apercevant la lumière ils se battaient;

le fait est que, quoique renfermé dans une chambre, chaque oiseau adopte une place, et que, si un autre veut l'envahir, une bataille survient; mais ce qui cause principalement leurs disputes dans la captivité, c'est lorsqu'on ne leur met point leur nourriture dans un vaisseau assez grand pour qu'ils puissent la prendre tous en même temps. Toutes les fois qu'on a eu cette attention, ou qu'on leur a distribué leur nourriture dans plusieurs vaisseaux, ils ont vécu paisiblement.

La femelle pond quatre œufs, qu'elle dépose dans une touffe de gazon, au commencement de mai, les petits sont éclos au bout d'un mois.

LE VANNEAU.

Cet oiseau est de la taille du pigeon commun. Son corps est couvert d'un duvet épais et serré; ses plumes sont noires à la tige, et présentent ensuite différentes couleurs; le ventre, les cuisses, le dessous et le bord des ailes sont d'un blanc de neige; le foie est très-grand et divisé en deux lobes. Quelques auteurs assurent que le vanneau n'a point de fiel.

Ces oiseaux se trouvent dans presque toute l'Europe ; ils pénètrent dans le nord aussi loin que l'Islande. En hiver on en voit dans la Perse et dans l'Egypte. Ils se nourrissent principalement de vers ; on les voit par troupes couvrir les prairies marécageuses pour y chercher ces insectes qu'ils font sortir de terre avec une singulière adresse. Le vanneau qui rencontre un de ces petits tas de terre en boulettes ou chapelets, que le ver a rejetés en se vidant, le débarrasse d'abord légèrement, et ayant mis le trou à découvert, il frappe à côté la terre de son pied, et reste l'œil attentif et le corps immobile : cette légère commotion suffit pour faire sortir le ver qui, dès qu'il se montre, est enlevé d'un coup de bec. « Pour m'assurer de cette particularité, dit M. Baillon, j'ai mis la même ruse en usage : j'ai battu dans le blé vert et dans le jardin la terre avec le pied pendant peu de temps, et j'ai vu les vers en sortir ; j'ai enfoncé un pieu que j'ai ensuite tourné en tout sens pour ébranler la terre ; ce moyen réussissait encore plus vite : les vers sortaient en foule, même à une toise du pieu. » Le soir venu, les vanneaux emploient un autre manége; ils courent dans l'herbe, et sentent sous leurs pieds les vers qui sortent à la fraîcheur; ils en font ainsi une ample pâture, et vont ensuite se laver le bec et les pieds dans les petites mares ou dans les ruisseaux.

Ces oiseaux, en volant, font avec leurs ailes un bruit assez semblable à celui d'un van qu'on agite pour purger le blé ; d'où leur vient sans doute le nom de vanneau. On leur a donné aussi le nom de *dix-huit* , parce que ces deux syllabes prononcées faiblement expriment assez bien leur cri , que dans plusieurs langues on a cherché à rendre également par des sons imitatifs. Ils demeurent en Angleterre toute l'année. La femelle pond deux œufs d'un vert olive , tachetés de noir. Elle les dépose sur la terre, près de quelque marais, sur un petit lit de feuilles sèches qu'elle a préparé. Elle les couve pendant trois semaines, et les petits , qui sont couverts d'un duvet épais, peuvent courir deux ou trois jours après qu'ils sont éclos.

La femelle couve ses petits avec la plus grande assiduité ; les ruses qu'elle emploie pour éloigner de son nid les chasseurs et les chiens sont extrêmement amusantes. Elle n'attend pas l'arrivée de l'ennemi , mais va hardiment à sa rencontre ; lorsque les chiens sont près d'elle , elle fuit d'un vol pesant, en criant comme si elle était blessée, afin de faire durer leur poursuite par l'espoir de l'atteindre facilement, jusqu'à ce que les ayant tout-à-fait éloignés du lieu où est son nid, elle s'envole en les laissant étonnés de la rapidité de sa fuite.

L'anecdote suivante, communiquée à M. Ber-wick, par M. Carlyle, prouve la disposition du vanneau à se familiariser, et l'art avec lequel il sait se concilier l'amitié d'animaux d'une nature essentiellement différente de la sienne, et généralement regardés comme les ennemis de toute espèce d'oiseau. On donna deux vanneaux à un ecclésiastique qui les mit dans son jardin. L'un mourut bientôt; mais l'autre vécut d'insectes qu'il trouvait abondamment, jusqu'à ce que l'hiver vînt l'en priver. La nécessité le contraignit de s'approcher de la maison, et il s'accoutuma peu à peu aux différens bruits qui s'y faisaient entendre; à la fin un domestique, ayant entendu son petit cri qui semblait demander l'hospitalité, lui ouvrit la porte de l'arrière-cuisine. Il devint en peu de temps beaucoup plus familier, et le froid se faisant sentir davantage, il pénétra jusque dans la cuisine, non pas sans de grandes précautions, car elle était ordinairement habitée par un chien et un chat; mais il parvint à s'attirer leur affection, au point de venir régulièrement chaque soir s'établir au coin du feu, et d'y passer la nuit à côté d'eux. Aussitôt que le printemps parut, il discontinua ses visites et resta dans le jardin ; mais à l'approche de l'hiver, il revenait toujours se réfugier dans la cuisine, et retrouver ses anciens amis qui le recevaient cordialement. Il poussait la familiarité jusqu'à l'insolence ; il s'arrogeait sans réserve les droits qu'il s'était d'abord acquis avec timidité. Il s'amusait souvent à se baigner dans le vase rempli d'eau où le chien buvait ; et si celui-ci venait l'interrompre, il témoignait la plus vive indignation. Il mourut dans l'asile qu'il avait choisi, étranglé par quelque chose qu'il avait ramassé sur le plancher avec son bec. La chair de ces oiseaux est tendre et d'un goût délicieux.

LE GUIGNARD ou PETIT PLUVIER.

Le guignard a environ dix pouces de longueur, et pèse quatre onces. Le bec est noir et long de près d'un pouce ; le sommet de sa tête est noir, le front tacheté de gris et de brun ; une ligne blanche passe au-dessus de chaque œil et derrière le cou ; les joues et la gorge sont blanches ; le dos et les ailes d'un brun clair olivâtre, et chaque plume est bordée de roux ; le devant du cou est entouré d'une large bande olivâtre, bordée de blanc en dessus ; la poitrine est jaune orange pâle ; le milieu du ventre noir ; le reste, ainsi que les cuisses, d'un blanc rougeâtre ; la queue est brun-olive, terminée de noir et de blanc, les jambes sont olive foncé. La femelle a les couleurs moins vives.

Le guignard est un oiseau de passage. Il arrive à la fin d'avril par troupes de huit ou dix, et reste pendant les mois de mai et de juin. C'est à cette époque qu'il devient très-gras, et qu'il est très-recherché pour la table, car sa chair est délicieuse. En Angleterre ces oiseaux sont en assez grande abondance dans les provinces de Cambridge, de Lincoln et de Dorbyshire ; mais on les connaît à peine dans toutes les autres parties de ce royaume. On croit qu'ils nichent dans les montagnes de Westmoreland et de Cumberland.

Gessner prétend que cet oiseau, attentif et comme charmé des mouvemens du chasseur, imite tous ses gestes, et en oublie le soin de sa conservation, au point de se laisser approcher et couvrir du filet que l'on tient à la main. Voici la manière dont Willoughby décrit la chasse que l'on fait des guignards dans le comté de Norfolk : Six ou sept chasseurs partent ensemble, et quand ils ont rencontré ces oiseaux, ils tendent leurs filets à une certaine distance; ensuite ils s'avancent en frappant des cailloux l'un contre l'autre : ce bruit réveille la paresse habituelle des guignards qui, s'approchant encore tout engourdis du filet, s'y trouvent enveloppés sur-le-champ. On a substitué à ces artifices la méthode plus sûre des armes à feu.

L'ÉCHASSE.

M. White donne plaisamment la description suivante de cet oiseau : « Dans la dernière semaine d'avril 1779, on tua sur le bord du lac de Frensham, dans le comté de Serrey, cinq oiseaux trop rares en Angleterre pour y avoir un nom, mais connus des naturalistes sous celui d'himantopus ou loripes.

« Je me procurai un de ces oiseaux, et je trouvai la longueur de ses jambes tellement extraordinaire, que je crus d'abord qu'on s'était amusé à en attacher deux au bout l'une de l'autre; ces jambes étaient de véritables caricatures; et si un paravant chinois nous en eût représenté de semblables, nous eussions, sans doute récompensé largement la bizarre imagination du peintre.

« Ces oiseaux sont de la famille des pluviers, et peuvent être nommés les pluviers-échasses. Il serait extrêmement curieux de les voir marcher : quoique leur corps ne soit pas plus gros que celui du pluvier doré, il doit être mal supporté par des jambes d'une longueur aussi disproportionnée, et dont les muscles sont si faibles. On peut présumer qu'ils sont mauvais coureurs ; car, afin que rien ne manque au défaut de conformation de leurs jambes, ils n'ont point d'ongles par-derrière. Privés encore de ce point d'appui, ils doivent continuellement vaciller, et avoir beaucoup de peine à garder un juste équilibre.

« Ces pluviers-échasses sont du midi de l'Europe, et visitent rarement l'Angleterre. Ce n'est qu'en passant qu'ils y viennent, et on ignore les motifs qui les portent à une excursion aussi éloignée de leur véritable climat. »

Cet oiseau est commun en Egypte et dans les parties méridionales de l'Amérique, où il se nourrit de papillons et d'autres insectes.

LE PLUVIER DORÉ.

Cet oiseau est de la même taille que le vanneau ; il a le bec noir, court, arrondi, et un peu crochu ; les plumes du dos et des ailes sont noires, tachetées de jaune verdâtre ; la poitrine est brune, tachetée de la même couleur que le dos ; le ventre est blanc ; les pieds n'ont que trois doigts, et il n'y a pas de vestige de doigt postérieur ou de talon.

Ces oiseaux se trouvent en France, en Suisse, en Italie, et dans plusieurs provinces de l'Angleterre. Ils sont estimés partout pour la bonté de leur chair. Ils se nourrissent principalement de vers, quoique plusieurs auteurs aient assuré qu'ils ne vivaient que de rosée, ainsi que la sauterelle.

Cet oiseau fut nommé *pardalis* par les anciens, à cause des belles taches de son plumage, qui ont quelque ressemblance avec celles du léopard.

LE VANNEAU–PLUVIER.

Il est à peu près de la grosseur du pluvier doré; mais son bec est plus fort et plus long, et il a un petit ongle postérieur. La tête, le dos et les petites couvertures des ailes sont noirs, terminés de gris verdâtre; les cuisses, la poitrine et le ventre blancs: la gorge est blanche, tachetée de brun; la queue est courte, et n'excède pas l'aile pliée.

La chair de cet oiseau est tendre et délicate.

LE PLUVIER A COLLIER.

Cet oiseau a sept pouces et demi de long, quoiqu'il ne pèse que deux onces: le bec a un demi-pouce de longueur et une ligne noire de chaque côté, qui passe sous les yeux. La partie supérieure du cou est entourée d'un collier blanc, et l'inférieure d'un noir; le dos et les ailes sont brun clair, la poitrine et le ventre blancs; les jambes jaunâtres. On les voit en été fréquenter les rivages de l'Angleterre.

LE CANUT.

Cet oiseau a neuf pouces de long, et pèse quatre onces et demie. La tête et le cou sont cendrés, le dos et les scapulaires bruns, avec une raie blanche sur les ailes. Depuis le mois d'août jusqu'en novembre, ces oiseaux fréquentent les côtes de la province de Lincoln. On les engraisse avec du pain trempé dans du lait, et cette nourriture donne à leur chair un goût exquis.

L'ALOUETTE DE MER.

Cet oiseau ne pèse qu'une once et demie, et a sept pouces de long. Il y a un trait blanc entre le bec et les yeux. Le dessus du corps est mélangé de gris et de brun; la poitrine et le ventre sont blancs, ainsi que le dessous des ailes.

Ces oiseaux viennent par troupes en hiver, sur les côtes de l'Angleterre. Ils paraissent dans l'air comme un nuage alternativement blanc et brun. Leur chair est très-bonne à manger.

LE TOURNE-PIERRE.

Le tourne-pierre est à peu près de la grosseur d'une grive. Le bec est long d'un pouce et un peu crochu en dessus; la tête, la gorge et le ventre sont blancs; la poitrine est noire, et le cou entouré de noir; le dessus du corps est brun rougeâtre. On a donné à cet oiseau le nom de *tourne-pierre*, à cause de l'habitude singulière qu'il a de retourner les pierres au bord de l'eau, pour trouver dessous les vers et les insectes dont il fait sa nourriture.

LE DUNLIN.

Le dunlin est de la taille de la petite bécassine. Le dessus du corps est couleur de fer, marqué de larges taches noires et d'un peu de blanc; le dessous est blanc, rayé de brun. Cet oiseau se trouve dans les parties septentrionales de l'Europe.

L'OISEAU ROYAL.

L'oiseau royal doit son nom à l'espèce de couronne qu'un bouquet de plumes, ou plutôt de soies épanouies, lui forme sur la tête. Chacune de ses plumes est hérissée de petits filets noirs. Cet oiseau est à peu près de la taille de la grue ; ses jambes et son cou sont tout aussi longs ; mais le bec est plus court, et la couleur du plumage gris verdâtre foncé ; les côtés de la tête et les joues sont nus, blanchâtres et bordés de rouge ; une large peau membraneuse, d'un rouge vif, lui pend sous la gorge ; l'œil est grand et fixe, la pupille noire et large.

Ces oiseaux habitent principalement les côtes de l'Afrique et les îles du cap Vert. Ils courent très-vite, en étendant leurs ailes, et s'aidant du vent ; autrement leur démarche est lente, et pour ainsi dire à pas comptés. On assure qu'au cap Vert ces oiseaux sont à demi domestiques, et qu'ils viennent manger du grain dans les basses-cours. Ils se perchent en plein air pour dormir, à la manière du paon, avec lequel ils ont quelques rapports, comme par exemple dans leur cri qu est semblable; mais leur nourriture, qui consiste en grains et en végétaux, les en fait différer essentiellement.

LE JABIRU ET LE JABIRU GUACU.

Ces oiseaux sont tous deux de l'espèce de la grue, et natifs du Brésil. Le bec du dernier est rouge et long de quatorze pouces; celui du premier est noir et n'a que douze pouces de long. Aucun cependant n'a le corps proportionné à la longueur extrême du bec. Le jabiru guacu n'est pas plus gros que la cicogne commune, et le jabiru ne surpasse pas la cigogne en grosseur. Ils sont tous deux couverts de plumes blanches, à l'exception de la tête et du cou qui sont nus. La différence principale qui existe entre eux est dans la grandeur du coprs et la forme du bec; celui du jabiru guacu ayant la mandibule inférieure large et courbée en haut.

LE KAMICHI.

CET oiseau aquatique est de l'espèce des oiseaux de proie, il est un peu plus gros qu'un cygne. Le bec est noir, long de deux pouces; la tête, petite en comparaison du corps, est surmontée d'une corne implantée sur le haut du front, aussi longue que le bec, et courbée en avant comme celle de la licorne de la fable : cette corne est revêtue, à sa base, qui a trois lignes de diamètre, d'un fourreau semblable au tuyau d'une plume. Ce n'est pas la seule arme dont soit pourvu cet oiseau formidable; il a sur chaque aile deux éperons aigus et triangulaires qui sont dirigés en avant lorsque l'aile est pliée; le premier a deux pouces de long, le dernier est plus court et brun ainsi que l'autre. Les ongles sont aussi longs et aigus. Cet oiseau a un cri terrible, que Marcgrave croit rendre assez bien par ce son *vyhou, vyhou;* le mâle et la femelle se tiennent toujours ensemble, et leur fidélité est telle, que l'on prétend que si l'un des deux meurt, l'autre ne quitte pas le lieu où il a perdu son compagnon, et ne lui survit pas.

Le kamichi construit son nid avec de l'argile; il le place sur la terre au pied d'un arbre, et lui donne la forme d'un four. Il vit dans les savannes inondées de l'Amérique méridionale. Les pages admirables que Buffon a écrites à son sujet, l'ont rendu extrêmement célèbre.

LA DEMOISELLE DE NUMIDIE.

Nos naturalistes ont donné à cet oiseau le nom vulgaire d'*oiseau bouffon*, et les Français, celui de *demoiselle*. Les mêmes qualités lui ont valu une dénomination différente par deux nations, qui, dans plus d'une circonstance, ne considèrent pas les mêmes objets sous le même point de vue. Les gestes et les mines de cet oiseau sont extrêmement singuliers, et les français, connaisseurs en grâces, ont comparé ses mouvemens à ceux d'une femme. Nos marins anglais, qui n'ont pas autant approfondi l'art de la danse, ne trouvent à cet oiseau qu'une figure ridicule : il lève une aile, puis l'autre, tourne sur lui-même, s'élance en avant, puis recule ; ces gesticulations divertissent beaucoup nos matelots, qui n'imaginent peut-être pas que ces contorsions comiques ne sont que les expressions de la crainte qu'éprouve ce pauvre animal, et non pas celles de sa gaîté.

Cet oiseau est très-rare; son plumage est gris de plomb, mais relevé par deux touffes blanches de plumes effilées et chevelues qui tombent de chaque côté de la tête; des plumes longues, douces et soyeuses, du plus beau noir, sont couchées sur le sommet de la tête; de semblables plumes descendent sur le devant du cou, et pendent avec grâce au-dessous. Son nom indique le pays où on le trouve. Les anciens ont décrit un oiseau-bouffon, mais on a plusieurs raisons de croire que ce n'est pas le même que celui-ci.

LA SPATULE.

La spatule d'Europe est environ de la grosseur de la grue, mais elle n'a que trois pieds de haut, tandis que cette dernière en a plus de quatre. Sa couleur ordinaire est un blanc-gris, mais celle de la spatule d'Amérique est un brun-cramoisi. La beauté du plumage semble être la prérogative de tous les oiseaux de ce continent; mais ici il ne sert qu'à faire ressortir la difformité que le bec bizarre de cet oiseau donne à sa figure. Ce bec, d'une forme particulière, est aplati dans toute sa longueur ; l'extrémité s'élargit et se termine en deux plaques arrondies, trois fois aussi larges que le corps du bec même. Un bord noir, tracé par une rainure, forme comme un ourlet relevé autour de ce bec singulier, et l'on voit en-dedans une longue gouttière sous la mandibule supérieure. Les joues et la gorge sont nues et couvertes d'une peau noire.

Ces oiseaux mènent, à ce qu'il paraît, le même genre de vie que ceux de l'espèce de la grue. Leurs ongles sont divisés; ils se nourrissent de grenouilles, de crapauds et de serpens, dont ils détruisent une grande quantité, surtout au cap de Bonne-Espérance. Aussi les habitans de ce pays ont-ils pour eux la même vénération que les anciens Égyptiens avaient pour l'oiseau nommé *ibis*. Ils courent familièrement dans leurs maisons; on ne les tue jamais, et d'ailleurs ce serait sans utilité, car il est impossible de manger leur chair.

Ces oiseaux font leur nid en Europe, à la sommité des grands arbres voisins des côtes de la mer, de compagnie avec les hérons. Ils pondent quatre ou cinq œufs blancs, tachetés de rouge pâle. Willoughby parle d'un village de la Hollande, près de Leyde, fameux par un bosquet où une grande quantité de spatules se réunissaient à d'autres espèces aquatiques pour y couver tous les ans.

LE FLAMMANT ou LE PHÉNICOPTÈRE.

QUOIQUE le flammant ait les pieds palmés comme ceux de l'oie, la hauteur de sa taille, sa figure et ses appétits le rangent dans la classe de la grue. Il a les jambes et le cou plus longs qu'aucun oiseau de cette espèce : il cherche sa nourriture en marchant dans les eaux basses, et ne diffère de la race entière de la grue que par la manière de saisir sa proie. Le héron fait usage de ses ongles, mais ceux du flammant, faibles et palmés, lui sont inutiles dans cette occasion, et il n'emploie que son bec, qui est fort et crochu.

Cet oiseau est le plus remarquable de la race de la grue, non-seulement par sa haute taille, mais parce qu'il en est le plus gros et le plus beau. Le corps, d'une belle couleur écarlate, est de la grosseur de celui d'un cygne, mais ses jambes et son cou sont d'une longueur si extraordinaire,

que, lorsqu'il se tient debout, il a plus de six
pieds de haut. Il a cinq pieds six pouces d'envergure, et quatre pieds huit pouces depuis le bec
jusqu'à la queue. La tête est petite et ronde; le bec
large, long de sept pouces, moitié rouge, moitié
noir, et courbé comme un arc. Les jambes et
les cuisses ne sont pas beaucoup plus grosses que
le doigt d'un homme, et ont deux pieds huit
pouces de hauteur. Le cou a près de trois pieds
de long. Les pieds (comme on l'a déjà dit) ne
sont point armés d'ongles aigus, comme ceux de
la grue, mais faibles, et unis par des membranes
comme ceux de l'oie. On ne sait point de quel
usage peuvent être ces membranes, car on ne voit
jamais l'oiseau nager, la longueur de ses jambes
lui permettant d'entrer assez avant dans l'eau pour
y chercher sa proie.

Cet oiseau était autrefois en grande abondance
sur toutes les côtes de l'Europe; mais on ne le
trouve maintenant que dans les parties désertes de
l'Amérique, où il s'est mis à l'abri des poursuites
de l'homme, que sa beauté et la délicatesse de sa
chair ont tenté.

Les premiers Européens qui aperçurent des
flammans sur les côtes d'Afrique, crurent que
ces oiseaux étaient stupides, parce qu'ayant tiré
sur eux à coups de fusil, ils en tuèrent un grand

nombre, sans que le reste songeât à fuir pour échapper au même danger; l'expérience fit voir que cette immobilité n'était causée que par l'épouvante et l'étonnement d'un moyen de destruction nouveau pour eux, car il n'y a pas à présent d'oiseaux plus sauvages et plus difficiles à approcher.

Ces oiseaux fréquentent principalement les rives inhabitées, les lacs salés et les îles marécageuses; pendant le jour ils se tiennent sur le bord des lacs ou des rivières, et la nuit, ils se retirent sur les montagnes. Ils vivent en société et se rangent sur une seule ligne, composée de deux ou trois cents, ce qui, de loin, présente une vue singulière, comme des soldats alignés. Dampier dit qu'à la distance d'un demi-mille, on les prendrait pour un mur de briques. Ils rompent pourtant leurs rangs pour chercher leur nourriture, mais ils établissent une sentinelle qui, la tête haute, l'œil inquiet, veille pour toute la troupe, et à la moindre apparence de danger, donne l'alarme en jetant un cri bruyant assez semblable au son d'une trompette. Au même instant ils prennent tous la fuite. Dans leur vol, leur plumage paraît d'un rouge aussi brillant que celui d'un charbon enflammé. Les sauvages du Canada les ont appelés

8.

tococos, parce que ce son rend assez bien le cri qu'ils font souvent entendre.

La nourriture principale des flammans consiste en petits poissons et en insectes aquatiques : ils les cherchent dans la vase, en y plongeant le bec et une partie de la tête, et remuent de temps en temps le fond avec leurs pieds pour amener leur proie avec le limon. Ils tournent leur cou d'une manière si singulière, qu'il n'y a que la mandibule supérieure de leur bec qui touche la terre. Dans cette situation ils saisissent chaque poisson ou insecte qui vient s'offrir à eux, et que les dentelures dont leur bec est armé leur aident à retenir. Catesby dit qu'ils cherchent, en agitant la vase, une petite graine ronde semblable au millet, dont ils font leur principale nourriture. Mais cette prétendue graine n'est vraisemblablement autre chose que des œufs d'insectes.

Malgré les assertions de Dampier et de plusieurs autres sur la timidité des flammans, et le soin avec lequel ils évitent les hommes, il est certain que cette conduite n'est pas le résultat d'une antipathie naturelle; car ces oiseaux sont en grand nombre dans plusieurs villages des côtes de l'Afrique, où, par respect superstitieux, les nègres ne souffrent pas qu'on en tue un seul; ils les laissent paisiblement s'établir jusqu'au milieu de leurs habitations, sans être importunés de leurs cris, qui sont pourtant si bruyans qu'on peut les entendre d'un quart de lieue. Les Français, en ayant tué quelques-uns dans cet asile, furent forcés de les cacher sous l'herbe, de peur qu'il ne prît envie aux nègres de venger sur eux la mort d'un oiseau si révéré.

Avant que ces oiseaux fussent devenus aussi sauvages, on les prenait avec des filets ; et même encore à présent, dans quelques parties de l'Afrique, on en prend souvent de cette manière. Lorsque leurs longues jambes sont embarrassées dans les mailles, il leur est impossible de se dégager ; mais ils se défendent courageusement ; et les vieux, quoique pris par la tête, égratignent avec leurs ongles, et blessent souvent leurs ennemis. Lors même qu'on les dégage du filet, ils conservent leur férocité, refusent toute nourriture, et se laisseraient mourir de faim plutôt que de vivre en captivité. Aussi est-on obligé de les tuer lorsqu'ils sont pris vieux. La chair de ceux-ci est noire et dure, quoique Dampier dise qu'elle ait bon goût : celle des jeunes est beaucoup meilleure, et très-estimée par plusieurs personnes ; leur langue surtout passe pour un morceau exquis. Un plat de langues de flammans serait, suivant Dampier, un mets digne de la table des rois. En effet, les empereurs romains le mettaient au nombre des choses de luxe, et on en cite un qui se fit servir quinze cents langues de flammans dans un seul plat. Martial, faisant honte aux Romains de leurs goûts destructeurs, fait dire à cet oiseau que son beau plumage a frappé les yeux, et que sa langue est devenue la proie des Épicuriens. Cette langue tant recherchée est plus grosse que celle d'aucun autre oiseau; elle est noire et cartilagineuse : le bec est semblable à une large boîte noire d'une forme irrégulière.

Malgré l'éloge que fait Dampier de la chair des flammans, il convient pourtant avec Labat qu'elle est noire, dure, et qu'elle a presque toujours une odeur désagréable de marais; d'où nous pouvons présumer qu'elle n'était admise dans les festins somptueux qu'à raison de sa rareté.

L'époque à laquelle ces oiseaux couvent, varie selon le climat où ils résident. Ils bâtissent leur nid dans les marais, en choisissant ceux où ils ne puissent pas craindre d'être surpris. Ce nid n'est pas moins curieux que l'animal qui le forme; il ressemble à un cône tronqué, composé de terre grasse élevée au-dessus de l'eau d'environ un pied et demi; le fondement de cette éminence est large, et conduit toujours en diminuant jusqu'au sommet où les oiseaux laissent pour pondre un

petit trou qui n'est recouvert d'aucun lit de plumes
ni d'herbes. Lorsqu'ils couvent, ils se tiennent
debout, non sur l'éminence, mais tout auprès, les
jambes à terre et dans l'eau, se reposant contre
leur monceau de terre, et couvrant le nid de leur
queue. Ils ne pondent jamais que deux œufs
blancs.

Les jeunes ne peuvent voler qu'ils n'aient
presque toutes leurs plumes ; mais ils courent
avec une vitesse prodigieuse. On en prend quelquefois, et ils s'apprivoisent facilement. Au bout
de cinq ou six jours de captivité ils sont familiers
au point de venir manger dans la main. L'eau leur
est extrêmement nécessaire ; ils en boivent une
quantité surprenante : mais, quoiqu'ils soient
assez dociles, on a beaucoup de peine à les élever ;
ils languissent ordinairement faute d'une nourriture qui leur soit convenable, et il est rare qu'ils
vivent long-temps. Ils n'acquièrent leur belle couleur rouge qu'en avançant en âge. Leur plumage
est gris clair dans la première année ; dans la seconde, le corps est blanc, légèrement teint d'écarlate, et les grandes couvertures des ailes sont noires.
L'oiseau n'est dans toute sa beauté qu'à la troisième
année : le corps est alors entièrement rouge, à
l'exception de quelques taches noires que les ailes
ont conservées. Les sauvages emploient les belles

plumes de ces oiseaux à divers ornemens. Autrefois
en Europe on en faisait des manchons; maintenant
elles sont presque entièrement hors d'usage, et il
n'y a guère que les naturalistes qui les conservent
comme objets de curiosité.

CHAPITRE VII.

LE CYGNE.

Cet oiseau est si différent sur la terre ou dans l'eau, qu'on peut à peine croire qu'il soit le même ; hors de son élément favori, ses mouvemens sont gauches et lourds, et son cou est tendu en avant d'une manière stupide ; mais lorsqu'il vogue doucement sur l'eau, il offre aux yeux charmés un des plus beaux ouvrages de la nature ; on ne peut se lasser d'admirer ses formes arrondies, l'élégance, le moëlleux de ses contours, et la grâce qu'il déploie dans chacune de ses attitudes. Il nage plus vite qu'un homme ne saurait marcher.

Cet oiseau a été soumis depuis si long-temps à l'état de domesticité, qu'on doute maintenant dans quel lieu on en pourrait trouver un de l'espèce qu'on apprivoise qui soit demeuré dans l'état sauvage. Le plumage du cygne domestique est entièrement blanc, et il pèse ordinairement vingt livres. Quoique la trachée-artère soit suspendue entre les poumons, comme à l'ordinaire, cet oiseau est le plus silencieux de tous; il ne peut faire entendre qu'un sifflement lorsqu'il est provoqué. Sous ce rapport il est très-différent du cygne sauvage.

L'appétit de ce bel oiseau est aussi délicat que sa forme est élégante : il se nourrit principalement de blé, de pain, d'herbes aquatiques, des graines et des racines qu'il trouve sur le rivage. Le mâle et la femelle travaillent tous deux avec assiduité à leur nid, qui est composé de plantes aquatiques, d'herbes et de petites branches d'arbres. Cette dernière pond sept à huit œufs, en mettant un jour d'intervalle entre chaque : ces œufs sont blancs, plus gros que ceux de l'oie; la coque en est épaisse, et quelquefois remplie de tubercules. La femelle les couve pendant soixante jours environ. Les petits, en naissant, sont couverts d'un duvet gris ou jaunâtre, qu'ils conservent encore plusieurs mois. Lorsque le père et la mère sont entourés de leur famille, il est assez dangereux de les approcher : soit crainte, soit orgueil, ils s'alarment promptement; et lorsque leurs petits sont en danger, ils les portent sur leur dos.

Le docteur Latham dit qu'il a connu deux

cygnes femelles qui vécurent pendant trois ou quatre ans en société, et de la meilleure intelligence; elles faisaient chacune une ponte par an, et produisaient à elles deux une douzaine de petits qu'elles soignaient tour à tour, sans jamais se quereller. Au bout d'un an les jeunes cygnes changent de couleur et de plumage. Cet oiseau parvient à sa maturité par des gradations extrêmement lentes; il demeure deux mois dans la coquille, un an à se développer entièrement; et si, suivant les observations de Pline, de Buffon et d'autres naturalistes, la durée de la vie des animaux répond à celle de leur accroissement, aucun ne doit vivre plus long-temps que le cygne, puisque de tous les oiseaux connus c'est celui qui sort le plus tard de sa coquille. Il est en effet remarquable par sa longévité. Willoughby ayant vu une oie qui, par preuve certaine, avait vécu cent ans, n'hésite pas à conclure de cet exemple que la vie du cygne peut et doit être plus longue, puisqu'il est plus grand et que sa chair est plus ferme. Cet oiseau est très-fort, et devient quelquefois intrépide. Une femelle qui couvait, ayant aperçu un renard qui nageait vers elle, courut à lui sur-le-champ, et après l'avoir long-temps fatigué de coups d'ailes, finit par le plonger dans l'eau et le noyer. Ceci se passa à

Pensy, en Buckinghamshire, en présence de plusieurs personnes.

Les cygnes étaient autrefois très-estimés en Angleterre. Par un acte d'Édouard IV, personne, à l'exception du fils du roi, n'avait la permission de garder de cygne, et un emprisonnement d'un an et un jour était la punition de celui qui dérobait leurs œufs. Maintenant ils sont peu estimés pour la délicatesse de leur chair, mais on les conserve pour leur beauté : on peut en voir une multitude sur la Tamise, où ils sont considérés comme propriété royale, et il est par conséquent défendu de toucher aux œufs.

La chair des vieux cygnes est dure et de mauvais goût, mais celle des jeunes est assez bonne. A Norwich, on les engraisse pour les tables de la communauté de la ville. Ils valaient, il y a quelques années, une guinée la pièce; maintenant on les vend beaucoup plus cher.

LE CYGNE SAUVAGE.

Il est un peu plus petit que le cygne domestique, et pèse rarement plus de seize livres : le bec, de trois pouces de long, est d'un blanc jaunâtre jusqu'au milieu, et noir à l'extrémité; le plumage est entièrement blanc, excepté les ailes, qui sont cendrées à leur naissance; les jambes sont noires.

La trachée-artère, après un détour remarquable, passe à travers un trou formé dans le sternum; elle fait un coude, se relève, et après avoir été resserrée dans un passage étroit par un large cartilage, elle se divise en deux branches qui se dilatent, avant d'arriver aux poumons. Cette conformation singulière rend l'oiseau capable de faire entendre une voix bruyante et rauque.

Cette espèce habite les pays septentrionaux; elle ne paraît en Angleterre que dans les hivers rigoureux, par troupes de cinq ou six. Martin dit qu'au mois d'octobre un grand nombre de cygnes viennent à Lingen, l'une des îles occidentales, où ils demeurent jusqu'au mois de mars, époque à laquelle ils retournent dans le nord pour couver. Il en reste quelques-uns dans l'île de

Mainland, l'une des Orkneys, et ils couvent dans les petites îles des lacs d'eau douce ; mais la plus grande partie se retirent à l'approche du printemps. On les appelle *almanachs des paysans*, parce que leur départ de l'île annonce le beau temps, et leur arrivée le mauvais.

Ces oiseaux sont un objet de chasse en Islande. Au mois d'août ils perdent leurs plumes au point d'être incapables de voler. Les habitans se rendent dans cette saison aux lieux où ils sont en abondance ; ils sont accompagnés de chiens et de chevaux forts et actifs, dressés à cette chasse, et habitués à courir dans les terres humides et marécageuses. Les cygnes courent aussi vite que les chevaux, mais les chiens en prennent une grande partie ; ils sont instruits à les saisir par le cou : ce genre d'attaque leur fait perdre l'équilibre, et ils deviennent alors une proie facile.

Malgré leur grosseur, ces oiseaux ont le vol très-rapides, et ils sont plus difficiles à tirer qu'aucun autre ; il est souvent nécessaire de les viser à dix ou douze pieds du bec. Cette difficulté n'a lieu cependant que lorsqu'ils ont le vent favorable : ils peuvent, dans ce cas, parcourir une espace de cent milles en une heure ; mais, si le vent leur est contraire, leur course est beaucoup moins prompte.

Cette espèce diffère, à plusieurs égards, du cygne privé. « Il y a, dit Buffon, une différence si extraordinaire entre ces deux animaux, qu'on croirait que ce sont deux espèces distinctes. Je ne saurais déterminer si une longue captivité peut produire une variété aussi étrange entre deux oiseaux ; mais il est certain qu'au moins en Europe, on ne trouve point de cigne privé dans l'état de nature.

Le cygne sauvage ne fait entendre son cri qu'en volant ou en appelant : ce cri, quoique fort et aigu, n'est pas très-désagréable lorsqu'il parvient à l'oreille du haut des airs, et modulé par les vents. Les habitans de l'Islande le comparent au son du violon ; mais pour eux ce ne peut être qu'une mélodie agréable, puisque le retour des cygnes leur annonce la fin de leur rigoureux hiver et le retour d'un temps plus doux.

Ce n'est que d'après le cygne sauvage que les anciens ont eu l'idée fabuleuse d'attribuer à cet oiseau le don de la mélodie. Suivant Pythagore, l'âme des poètes passait dans le corps des cygnes, et conservait le pouvoir de l'harmonie, qu'ils avaient possédé sur la terre. Le vulgaire prit pour une réalité ce qui n'était qu'une allégorie ingénieuse. Le même disait encore que le chant du cygne mourant était un chant de joie, par lequel cet oiseau se félicitait de passer à une meilleure vie : c'est d'après cela que les dernières productions des écrivains, les derniers discours d'un orateur, ainsi que les dernières paroles de tout homme de bien avant de quitter ce bas monde, sont nommées le chant du cygne.

LE CANARD.

Le canard commun, dont il y a dix espèces différentes, est trop connu pour qu'il soit nécessaire d'en donner la description. C'est de tous les animaux domestiques le plus facile à élever. L'instinct des petits les conduit promptement à leur élément favori, et leur fait mépriser l'exhortation de la poule qui les dirige. Les pieds du canard domestique sont noirs. On charge ordinairement une poule de couver les œufs de canards, parce qu'elle en a plus soin que leur véritable mère, qui est inattentive et négligente. La femelle du canard abandonne souvent ses œufs jusqu'à ce qu'ils éclosent, et croit avoir tout fait pour ses petits lorsqu'elle les a menés vers l'eau ; elle néglige ensuite de les ramener à la basse-cour , et les laisse souvent détruire par la vermine qui s'attache à eux dans l'eau. La poule , d'un caractère bien différent , les couve et les élève avec la plus grande assiduité. A la vérité , elle ne les conduit pas à l'eau , mais elle les garantit de tout danger ; si le rat ou la belette les attaque , elle les protège et les défend ; quand ils sont fatigués de nager , elle les ramène à la basse-cour ; enfin , sa tendresse ne lui laisse pas douter un instant que cette couvée ne lui appartienne.

On lit dans les *Merveilles de la Nature* , par M. Sigaud de Lafond , qu'on a vu à Bagoucre , près de Clementin , dans le haut poitou , une liaison , un attachement bien singulier qu'avaient contractés entr'eux un canard et un dindon. Ces animaux ne se quittaient jamais , et la mort ne put les séparer que pour peu de temps. L'arrêt de mort ayant été prononcé contre le dindon , la cuisinière se mit en devoir d'exercer ses fonctions. Le canard , témoin du meurtre de son camarade , jeta des cris de désespoir , et essaya même de tirer vengeance de la cuisinière par des coups de bec qu'il lui porta ; mais il ne put empêcher ni reculer le moment fatal qui lui enlevait son camarade. Sa douleur fut si vive , que dès ce moment, il refusa toute nourriture. Il passa trois jours sans

manger , et il eût vraisemblablement péri d'inanition , si on ne lui eut fait subir le sort du
dindon.

— — —

L'EIDER ou CANARD A DUVET.

CETTE espéce est deux fois aussi grosse que le
canard commun : le bec est noir , cylindrique, et
sa base est garnie d'une membrane ridée, et divisée en deux vers le front. Dans le mâle, les
plumes du haut de la tête , d'une partie de la
poitrine , du ventre et de la queue , sont noires ,
ainsi que les grandes pennes des ailes ; presque
tout le reste du corps est blanc , et les jambes
sont vertes. La femelle est d'un brun rougeâtre,
varié de taches et de lignes noires. Ces oiseaux se
trouvent principalement dans les îles occidentales de l'Écosse, sur les côtes de la Norwège, de
l'Islande , du Groënland , et dans plusieurs parties
de l'Amérique septentrionale, particulièrement dans
les îles des Eskimaux.

En Islande, les eiders bâtissent leur nid dans de
petites îles près du rivage, et s'approchent quelquefois de la demeure des habitans , qui les traitent

avec tant d'égards et de douceur, qu'ils les ont bientôt familiarisés. On voit souvent le même nid occupé par deux femelles, qui vivent ensemble de bon accord. Elles pondent chacune trois ou quatre, et quelquefois jusqu'à huit œufs, qui sont gros, d'un vert olive, et dont la coquille est douce et luisante. Leur nid est composé de différentes espèces de mousses, et placé parmi des monceaux de pierres ou des buissons.

Pendant que la femelle couve, le mâle fait sentinelle aux environs, pour avertir si quelque ennemi paraît; mais aussitôt que les petits sont éclos, il les quitte. La mère demeure encore long-temps avec eux : elle les prend sur son dos, et les transporte à la mer. Il est rare de les voir ensuite revenir sur terre.

C'est cet oiseau qui donne le duvet si doux, si chaud et si léger, connu sous le nom d'*eider* ou *édredon* : il l'arrache de sa poitrine, et en tapisse l'intérieur de son nid. Les naturels du pays ôtent doucement la femelle de dessus ses œufs, et les dérobent, ainsi que le duvet; ensuite ils la replacent dans le nid; elle fait une nouvelle ponte, et s'arrache un nouveau duvet. Si l'on dépouille une seconde fois son nid, comme elle n'a plus de duvet à fournir, le mâle vient à son secours, et se déplume l'estomac. Le duvet du mâle est blanc, et se distingue facilement de celui de la femelle. On pille une troisième fois le nid lorsque les petits l'ont quitté, ce qui a lieu une heure après qu'ils sont éclos.

Le meilleur duvet et les meilleurs œufs sont ceux que l'on prend pendant les trois premières semaines de la ponte. On a observé qu'en général le nombre des œufs est plus grand dans les temps de pluie. Une femelle, dans sa couvée, donne ordinairement une demi-livre de duvet, qui se réduit à moitié quand il est nettoyé. Le duvet nettoyé est estimé par les Islandais deux rixdales la livre. Cette plume est si élastique et si légère, que deux ou trois livres, en la pressant et la réduisant en une pelotte à tenir dans la main, vont se dilater jusqu'à remplir le couvre-pied d'un grand lit.

La compagnie islandaise exporte annuellement à Copenhague, quinze cents ou deux mille livres de ce duvet nettoyé et non nettoyé. Cette compagnie en vendit en 1750 pour 3,747 rixdales, outre la quantité qui fut envoyée en droiture à Gluckstad.

Les Groënlandais chassent ces oiseaux en les poursuivant dans de petits bateaux, et les tuent avec des flèches. Leur chair est très-estimée, et on emploie leur peau en fourrure.

LE CANARD SAUVAGE.

Il y a, suivant Buffon, au moins vingt diverses sortes de canards sauvages; ils diffèrent de l'espèce domestique par leurs pieds jaunes et velus.

Les canards sauvages sont en abondance dans les lieux marécageux de l'Angleterre, mais particulièrement dans le Lincoln.

Quelque nombreuses que soient les variétés de cette espèce, elles mènent toutes le même genre de vie, se réunissant en troupes pendant l'hiver, volant par couples en été et conduisant leurs petits à l'eau, sitôt qu'ils sont sortis de la coquille. Le nid est composé d'herbes longues mêlées de bruyères, et garni en dedans des plumes de ces oiseaux; au reste, ils le construisent plus soigneusement et plus chaudement selon la température, du climat qu'ils habitent. Dans les régions arctiques, rien ne peut surpasser le soin qu'ils prennent pour mettre leurs œufs à l'abri de la rigueur du froid.

Ces canards, possédant la double faculté de voler et de nager, sont presque tous oiseaux de passage. Il est présumable que leurs voyages s'exécutent aussi-bien dans l'eau que dans l'air, lorsqu'il s'agit de traverser l'Océan. Ceux qui arrivent ici au commencement de l'hiver sont beaucoup moins bons que ceux qui demeurent toute l'année : leur chair est ordinairement maigre et d'un goût marécageux, ce qui est peut-être causé par leurs voyages ou par leur nourriture dans les lacs de la Laponie.

Aussitôt leur arrivée en Angleterre et en France, on voit ces oiseaux voler par troupes d'un étang, d'une rivière à l'autre, et s'appeler d'une voix forte et bruyante. L'organisation intérieure, dans les espèces du canard et de l'oie, offre quelques particularités : la trachée-artère, avant sa bifurcation pour arriver aux poumons, est dilatée en une sorte de vase osseux et cartilagineux, qui est proprement un second larynx placé au bas de la trachée, et qui donne à leur voix cette résonnance bruyante et rauque qui caractérise leur cri.

Ils choisissent la partie de l'étang la plus solitaire pour y demeurer pendant le jour ; et la nuit ils vont chercher leur nourriture dans les prairies adjacentes. C'est dans leurs excursions nocturnes qu'on en prend souvent une grande quantité, particulièrement dans la province de Lincoln.

On choisit ordinairement, pour le lieu destiné à attraper des canards, un étang situé dans un marais, et entouré de bois et de roseaux ; cet étang est divisé en plusieurs canaux qui vont en se rétrécissant et en diminuant de largeur et de profondeur à mesure qu'ils se courbent et s'enfoncent dans le bois, où ils finissent par un prolongement en pointe et tout-à-fait à sec.

L'étang, à commencer à peu près de la moitié de sa longueur, est recouvert d'un filet en berceau, d'abord assez large et élevé, mais qui se resserre et s'abaisse à mesure que le canal s'étrécit, et finit à sa pointe en une masse profonde qui se ferme en poche.

Au milieu du bocage et au centre des canaux est établi le canardier, qui, de sa petite maison, va trois fois par jour répandre le grain dont il nourrit pendant toute l'année plus de cent canards demi-privés, demi-sauvages, et qui, tout le jour, nageant dans l'étang, ne manquent pas, à l'heure accoutumée et au coup de sifflet, d'arriver à grand vol, en s'abattant sur l'anse, pour enfiler les canaux où leur pâture les attend.

Ce sont ces *traîtres*, comme le canardier les appelle, qui dans la saison, se mêlant sur l'étang aux troupes des sauvages, les amènent dans l'anse, et de là les attirent dans les canaux, tandis que, caché derrière une suite de claies de roseaux, le canardier va jetant devant eux le grain pour les amener jusque sous l'embouchure du berceau de filets. Alors se montrant par les intervalles des claies, disposées obliquement, et qui le cachent aux canards qui viennent par-derrière, il effraie les plus avancés, qui se jettent dans un cul-de-sac, et vont pêle-mêle s'enfoncer dans la nasse. Il est rare que les demi-privés y entrent; ils sont faits à ce jeu, et ils retournent sur l'étang recommencer la même manœuvre et engager une autre capture. On se sert aussi de petits chiens roux pour attirer les canards. Il y a en Angleterre un ordre du parlement qui ne permet cette chasse que depuis la fin d'octobre jusqu'au mois de février.

En France, on prend un nombre prodigieux de ces oiseaux, et particulièrement en Picardie, sur la rivière de Somme. Le chasseur se place dans le lieu où il en passe ordinairement des bandes; il a dans une cage d'osier plusieurs canards privés, et de temps en temps, il en lâche un qui attire les passans à la portée du mousquet. Un bon tireur en peut tuer de cette manière cinq ou six à la fois. On prend aussi des canards sauvages au moyen d'hameçons amorcés de mou de veau, et attachés à un cerceau flottant.

Chaque pays a une manière différente de prendre les oies et les canards. En voici une usitée dans les Indes orientales. Un homme s'affuble la tête d'une calebasse couverte de plumes, et s'enfonce dans l'eau jusqu'au menton : cet objet n'effrayant pas les canards, il s'en approche doucement, et les saisit sous l'eau par les pieds.

La cane sauvage est très-rusée ; elle ne fait pas toujours son nid le long des eaux, ni même par terre : on en trouve très-souvent au milieu des bruyères, à la distance d'un quart de lieu de l'eau; on en a vu pondre dans les nids de pies, de corneilles, sur des arbres très-élevés.

Les Chinois font un très-grand usage des canards, mais ils préfèrent les privés aux sauvages. Ils mettent les œufs de ces oiseaux dans des boîtes remplies de sable qu'ils chauffent au degré nécessaire pour les faire éclore. On nourrit les petits avec des écrevisses coupées par morceaux et mêlées dans du riz bouilli. Au bout de quinze jours ils sont en état de se nourrir eux-mêmes ; on les met alors sous la direction d'une mère cane qui les conduit dans une petite habitation qu'on leur a pratiquée : ils en sortent pour aller chercher leur nourriture, et y rentrent à la voix de leur maître. C'est une chose curieuse de voir des milliers de canards nourris dans le même lieu, rentrer à un certain signal, dans leurs habitations respectives, sans jamais se tromper en prenant l'une pour l'autre. Le fleuve du Tigre, dans la province de Canton, est couvert de ces huttes destinées aux canards, environ l'espace d'un mille. Cette méthode d'élever ces oiseaux n'a lieu que pendant neuf mois de l'année; car dans les trois mois d'hiver elle ne réussirait pas.

LE CANARD SAUVAGE ORDINAIRE.

Les canards privés tirent leur origine de cette espèce, dont ils ont conservé des marques caractéristiques et invariables. Les plumes intermédiaires de la queue du mâle sont tournées en arrière, et le bec est droit; la différence du goût de leur chair tient à la différence de la nourriture. Ils s'apparient au printemps, bâtissent leur nid près de l'eau parmi les roseaux, et pondent de dix à seize œufs. La femelle est très-rusée, surtout lorsqu'il s'agit de la conservation de ses petits. En été, ces oiseaux volent par couples et conduisent leurs petits à l'eau aussitôt qu'ils sont sortis de la coquille. Quelquefois ils font leur nid sur des arbres élevés, et dans ceux d'autres oiseaux. On en prend une grande quantité dans le temps de la mue, où ils ne peuvent pas voler.

LE MILLOUINAN.

Le plumage de cet oiseau est très-beau, mais les couleurs en sont tellement diversifiées, que sur un cent on n'en trouverait peut-être pas deux semblables. Sa nourriture favorite se compose de testacées.

———

LE TADORNE.

Cette espèce a le bec plat, le front comprimé, la tête d'un noir verdâtre, et le corps varié de blanc. Elle habite le nord jusqu'en Irlande. Ces oiseaux nichent ordinairement dans des terriers abandonnés des lapins, et pondent quinze ou seize œufs ronds et blancs, qu'ils couvent pendant trente jours. « Ils ont le plus grand soin de leurs petits, dit Latham, et les transportent d'un lieu à un autre, dans leur bec. » Ils ont aussi un instinct particulier pour empêcher qu'ils ne soient pris : s'ils aperçoivent un chasseur, ils attirent son attention en se traînant sur la terre, comme s'ils étaient blessés, jusqu'à ce que leur couvée ait eu le temps de se mettre en sûreté. On a plus d'une fois essayé de priver ces oiseaux à cause de leur beauté, mais ils ne peuvent jamais réussir que dans les terrains voisins des eaux salées. On dit que leurs œufs sont bons, mais leur chair est d'un goût insipide et d'une mauvaise odeur.

LE CANARD A TÊTE GRISE.

Cette belle espèce se trouve à la baie d'Hudson; elle est commune aussi en Sibérie et dans le Groënland. La chair de ces animaux est réputée excellente : les naturels du pays font de fort bonnes fourrures avec leur peau, et ils fournissent un duvet aussi fin et aussi moëlleux que celui de l'eider.

LA MACREUSE.

Le mâle de cette espèce est totalement noir, et la femelle brune; la queue ressemble à un coin. On trouve, l'hiver, une assez grande quantité de ces oiseaux sur les côtes de la Grande-Bretagne; ils abondent sur celles de France, depuis le mois de novembre jusqu'au mois de mars. Leur nourriture favorite est une espèce de coquillage bivalve lisse et blanchâtre, appelé *vaimeau*; ils l'avalent entier et le digèrent promptement. On leur tend des filets sous l'eau dans les endroits où ces coquillages abondent, et l'on en prend souvent trente ou quarante douzaines d'un seul coup. On les apprivoise quelquefois, et on les nourrit avec du pain trempé. Leur chair est noire, dure, et d'un si mauvais goût, que c'est sans doute par esprit de mortification qu'on en a permis l'usage aux catholiques romains dans les jours de jeûne. On trouve des macreuses dans l'Amérique septentrionale; elles sont abondantes dans le nord de l'Europe, principalement dans la Sibérie.

———

LE CANARD A BEC COURBÉ.

CET oiseau pèse ordinairement deux livres et plus : il a deux pieds de longueur, et près de trois pieds d'envergure; le bec est crochu, long de deux pouces, d'un vert pâle, excepté le bout qui est noir; la tête et le cou sont d'un vert foncé avec deux petites lignes blanches, l'œil est entouré d'un cercle de belles plumes blanches; la gorge, la poitrine et le ventre sont de cette couleur, tachetés de brun-rouge; les six premières pennes des ailes sont blanches, les autres brunes; la queue est noire, marquée de blanc; les pieds et les jambes sont d'une belle couleur orange.

LE CANARD SAUVAGE A COLLIER.

CET oiseau est de la taille du précédent : le bec a deux pouces un quart de longueur, et près d'un pouce de largeur; le bout est arrondi, la tête et le dessous du cou sont d'un beau vert brillant, les

paupières inférieures sont blanches ; le devant du
cou est entouré d'un collier blanc ; la poitrine et
le ventre sont cendrés, variés de taches brunes
foncées, qui ressemblent à des gouttes ; le dos
est d'un rouge qui va toujours en s'obscurcissant
vers la queue, les scapulaires sont d'un blanc
d'argent, rayées de brun ; les autres plumes des
ailes sont variées de pourpre, de bleu et de noir ;
le dessous de la queue est noir ; les plumes de
dessus se terminent en pointes aiguës , et forment
une espèce de boucle vers le dos ; les jambes et
les pieds sont couleur de safran.

LE MORILLON.

LE corps du morillon est court, large et comprimé ; le bec, d'un bleu pâle, est large et a deux
pouces de long ; les plumes du derrière de la tête
sont noires, mêlées de pourpre et se redressent
en panache ; l'iris de l'œil est jaune, le cou est
d'un brun foncé presque noir, ainsi que le dessus
du corps ; les ailes sont courtes et noires, à l'exception de sept plumes blanches ; la poitrine et

le dessous du cou sont noirs; le ventre est d'un blanc d'argent, ainsi que les cuisses et le dessous des ailes; la queue est courte et noire; les jambes sont courtes et les pieds couleur de plomb.

Albin dit qu'à Venise et dans quelques autres parties de l'Italie cet oiseau est connu sous le nom de *tête de nègre*.

LE CANARD ALTIER.

Ainsi appelé parce que sa démarche est plus fière que celle d'aucun autre oiseau de son espèce : le bec est verdâtre, le tour de ses yeux blanc, le sommet de la tête entièrement noir et entouré d'un cercle blanc; les autres parties de la tête sont d'un brun foncé, mêlé de rouge et de vert dont les différentes nuances produisent le plus bel effet; le cou est agréablement varié de blanc et de noir; les ailes sont brunes, bordées de blanc; le dos est brun foncé; les côtés du corps et les cuisses sont d'un noir velouté; la poitrine et le ventre blancs; les jambes et les pieds d'un jaune foncé.

LE CANARD DE MOSCOVIE ou CANARD MUSQUÉ.

CET oiseau est le plus gros de tous les canards connus ; quelques-uns sont de la taille d'une petite oie ; le bec est rouge, large et court, un peu crochu par le bout ; une plaque nue, rouge et semée de papilles, couvre les joues, s'étend jusques en arrière des yeux, et s'enfle sur la racine du bec en une caroncule rouge, de la grosseur d'une cerise ; le dessous de la tête et du cou est brun, tacheté de blanc ; le dos et les ailes offrent un mélange admirable de rouge, de vert, de brun, de pourpre et de blanc ; le dessous du corps est blanc, parsemé de quelques petites taches brunes ; les jambes et les pieds sont d'un rouge pâle ou plutôt orange.

La chair de cet oiseau diffère de celle du canard commun ; mais elle est, dit-on, beaucoup meilleure : ils pondent beaucoup d'œufs et peuvent couver dans presque tous les temps de l'année ; le plumage de la femelle est semblable à celui du mâle ; mais elle n'a point de caroncule sur le bec.

L'ambassadeur du duc de Holstein dit qu'il a

vu, dans ses voyages en Moscovie, une espèce de canards plus gros que les nôtres, noirs comme des corneilles, avec un long cou et un bec crochu ; les Moscovites les nomment *braclen ;* on ne les voit guère que pendant la nuit.

—————

LE CANARD DE MADAGASCAR.

Il est beaucoup plus petit que le canard ordinaire ; le bec est brun jaunâtre ; l'iris des yeux rouge ; la tête et le cou sont vert foncé, la poitrine et le dessus du corps brun sombre ; les plumes scapulaires sont quelquefois vertes, bordées de rouge, et quelquefois brunes mêlées de bleu ; les jambes et les pieds sont orangés.

Ces oiseaux viennent de Madagascar, et sont maintenant élevés par les curieux dans quelques parties de l'Angleterre.

—————

LE SOUCHET.

Cᴇᴛ oiseau pèse près de deux livres : il a vingt et un ou vingt-deux pouces depuis la pointe du bec jusqu'au bout de la queue, et dix-huit d'envergure : le bec est noir, très-large, arrondi et dilaté par le bout dans la forme d'une cuiller ; les deux mandibules sont dentelées, la langue est grosse et charnue ; l'iris des yeux est d'un beau jaune ; la tête et le cou sont vert foncé brillant ; le dessous du corps est rouge, excepté les plumes du dessous de la queue qui sont noires ; le dos est brun, admirablement varié de pourpre et de bleu ; les dix ou douze premières pennes des ailes sont brunes, les autres vertes, bordées de blanc ; les couvertures sont bleues ; la queue est composée de plumes de différentes couleurs, dont quelques-unes sont bordées de blanc, d'autres de noir ; les cuisses sont rayées de lignes brunes, les jambes et les pieds rouges, les ongles noirs.

Les couleurs de la femelle sont beaucoup moins belles que celles du mâle. A l'exception des ailes, toutes les parties de son plumage ressemblent à celles de la femelle du canard domestique : la chair de ces oiseaux est excellente ; leurs pieds paraissent plus petits que ceux des autres espèces de canards.

LE GARROT.

Cet oiseau niche en Italie ; il a la tête grosse, le corps épais, le cou court, le bec large, noir, élevé vers le bout, et long d'un pouce trois quarts ; la tête, suivant la manière dont la lumière la frappe, paraît noire, pourpre et verte ; les plumes en sont brillantes et soyeuses ; il y a une mouche blanche à chaque côté du bec ; les yeux sont couleur d'or, le cou, la poitrine et le ventre blancs ; l'espace entre les épaules et le dos est noir ; les ailes sont agréablement variées de noir et de blanc ; les jambes courtes et jaunâtres, les ongles assez longs et d'une couleur plus foncée ; la queue a près de trois pouces de long. La chair de cet oiseau est d'un goût désagréable. On le voit quelquefois, mais rarement, sur les côtes de l'Angleterre.

LE PILET ou CANARD A LONGUE QUEUE.

Quoique le pilet paraisse aussi gros que le garrot, il est rare qu'il pèse plus d'une livre et demie : la mandibule supérieure du bec est d'un bleu noirâtre, et l'inférieure entièrement noire ; le cou, singulièrement long et menu, est brun, légèrement teint de pourpre ; deux bandes blanches, semblables à des rubans, passent de chaque côté ; la taille et les proportions du corps sont plus allongées et plus sveltes que dans aucune autre espèce de canard ; les couvertures des ailes sont rayées transversalement de noir et de blanc, ainsi que le dos et le cou ; la poitrine et le dessous du corps sont blancs, et les cuisses tachetées de noir ; la queue, noire et cendrée, se termine par deux filets étroits ; les pieds sont couleur de plomb.

LE CANARD SIFFLEUR.

Il pèse près d'une livre et demie; le bec est couleur de plomb et noir à la pointe; la structure de la tête et du bec ressemble à celle du canard sauvage ordinaire, mais le corps est mieux proportionné, et *les* ailes sont plus longues; le plumage, sur la tête et le haut du cou est rouge; le sommet de la tête est blanchâtre; les deux côtés de la poitrine et les épaules sont d'un beau roux pourpré, rayés transversalement de petites lignes noires; le dos est liseré et vermiculé finement de lignes noirâtres sur un fond blanc; les premières couvertures forment sur l'aile une grande tache blanche, et les suivantes un petit miroir d'un vert bronzé; la queue est cendrée en dessus et noire en dessous; les jambes et les pieds sont couleur de plomb foncé, et les ongles noirs.

La voix de cette espèce de canard est claire et sifflante comme le son aigu d'un fifre : ils se nourrissent de crustacés, de graines de jonc, et des herbes qui croissent au fond des rivières et des lacs; leur chair a un goût délicieux. Ces oiseaux sont communs dans la province de Cambridge et l'île d'Ély.

———

LE PETIT CANARD A GROSSE TÊTE.

Cet oiseau est plus gros que le canard siffleur ordinaire ; son corps est plus court , mais plus épais; le bec est aussi plus gros; il pèse souvent près de deux livres quand il est bien nourri; la tête et la plus grande partie du cou sont rouges ; les plumes du sommet de la tête retombent en pointe sur le milieu de la mandibule supérieure , qui est de couleur plombée, terminée de noir, et l'inférieure est entièrement noire; l'iris des yeux est jaune ; le dos et les petites couvertures des ailes sont bruns, le croupion et les plumes de dessous la queue noirs; de sorte que la queue, qui est grise et longue de deux pouces , paraît entourée d'un cercle noir; la poitrine et le ventre sont de la même couleur que le dos, mais plus pâle. Il est remarquable que les plumes du milieu des ailes sont d'une couleur uniforme, sans être variées comme dans presque tous les oiseaux de ce genre ; les pieds sont couleur de plomb, et les membranes qui unissent les ongles noirâtres.

LA SARCELLE.

La sarcelle est le plus petit oiseau de l'espèce des canards ; elle ne pèse pas plus de douze ou quatorze onces ; elle a seize pouces de long et deux pieds d'envergure ; le bec est brun ; la tête de la même couleur, mais beaucoup plus claire ; un long trait blanc, prenant sur l'œil, va tomber au-dessous de la nuque ; le cou, le dos et la queue sont d'un brun foncé ; la poitrine est jaunâtre rayée de brun ; le ventre plus clair, taché de jaune brun ; les couvertures des ailes sont d'un vert brillant, bordées de blanc ; les plumes scapulaires cendrées, les jambes et les pieds bruns, les ongles noirs.

Ces oiseaux se nourrissent de plantes aquatiques, de graines et d'herbes.

LA SARCELLE DE FRANCE.

ELLE est de la taille de la précédente : le mâle
a le bec large et noir, les yeux couleur noisette, le dessus de la tête et le cou brun clair,
une ligne d'un vert brillant prend depuis l'œil et
descend jusqu'au cou ; dessous l'œil passe une
raie blanche ; le dos est ondé de lignes noires et
blanches ; la poitrine jaunâtre est couverte de taches
noires, semblables à des écailles ; le ventre est d'un
blanc sale ou gris.

Les ailes sont brunes, bordées de noir, et quelquefois vertes, bordées de jaune ; les plumes des
couvertures sont blanches à leur naissance ; tout
le corps est varié d'une manière très-agréable à
l'œil ; la queue a trois pouces de long et se termine en pointe ; les jambes et les pieds sont brun
pâle.

La chair de ces oiseaux est délicieuse et doit,
dit-on, occuper la première place parmi ceux de
cette espèce.

La sarcelle de la Chine, d'Edwards, et le canard d'été, de Catesby, sont deux espèces très-
élégantes : la première, originaire de Chine, a été
quelquefois apportée vivante en Angleterre, mais

elle est trop délicate pour y être élevée ; l'autre habite le Mexique et quelques-unes des îles de l'Inde orientale ; on peut la voir dans les ménageries des curieux.

CHAPITRE VIII.

L'OIE SAUVAGE.

Cet oiseau a le bec gros et élevé, couleur de chair teint de jaune. La tête et le cou sont cendrés ; la poitrine et le ventre blanchâtres, nuancés de gris, ainsi que le dos, et les jambes couleur de chair.

L'oie sauvage habite les marais de l'Angleterre, et elle y demeure toute l'année, ce qu'elle ne fait pas dans plusieurs pays du continent. Elle niche dans les provinces de Lincoln et de Cambridge ; elle a sept ou huit petits que l'on prend quelquefois, et qu'on apprivoise facilement. Sa chair est réputée supérieure à celle de l'oie domestique.

Le vol de ces oiseaux est très-élevé ; ils vont par troupes de cinquante et davantage, et se reposent rarement pendant le jour. Soit crainte, soit vigilance , ils font souvent entendre de grands cris d'avertissement ou de réclame ; leur vol se fait dans un ordre qui suppose des combinaisons , et une espèce d'intelligence supérieure à celle des autres oiseaux , dont les troupes partent et voyagent confusément. Ils se rangent en deux lignes obliques formant un angle , ou , si la bande est petite , elle ne forme qu'une seule ligne ; chacun y garde sa place avec une justesse admirable. Le chef, qui est à la pointe de l'angle et fend l'air le premier, va se reposer au dernier rang lorsqu'il est fatigué ; et tour à tour les autres prennent la première place. La hauteur de leur vol rend leur chasse extrêmement difficile. En descendant sur la terre ils se rangent aussi en ligne , mais paraissent plutôt s'arrêter pour se reposer que pour chercher leur nourriture ; car , au bout d'une heure ou de deux , le chef, par un cri aigu , donne le signal, et la troupe entière poursuit rapidement sa course.

Ces oiseaux nichent dans les plaines et les marais de la baie d'Hudson , dans l'Amérique septentrionale. Au bout de quelques années on prend un nombre considérable de jeunes qui , à cet âge, s'apprivoisent aisément. Une chose très-singulière , c'est qu'on ne peut leur apprendre à manger du blé qu'en en prenant en même temps quelques vieux, ce qui est possible dans le temps de la mue.

L'OIE DOMESTIQUE.

L'OIE privée n'est autre chose que l'oie sauvage dans l'état de domesticité, elle est quelquefois blanche, mais plus communément grise. C'est une question parmi les gourmands de décider laquelle des deux doit avoir la préférence. L'oie est un oiseau très-utile dans l'économie rurale ; indépendamment de la bonne qualité de sa chair et de sa graisse, elle fournit d'excellentes plumes et un duvet très-fin, dont on la dépouille plus d'une fois l'année ; dès que les jeunes oisons sont forts et bien emplumés, et que les pennes des ailes commencent à se croiser sur la queue, ce qui arrive à sept semaines ou deux mois d'âge, on commence à les plumer sous le ventre, sous les ailes et sous le cou. On ne plume les mères qu'un mois ou six semaines après qu'elles ont couvé. On dit que ces oiseaux souffrent peu de cette opération, excepté au temps froid, ce qui en fait mourir alors un grand nombre.

Ces oiseaux ne couvent en général qu'une fois dans l'année, mais en en prenant soin on peut les faire couver une seconde.

Le nombre d'oies qu'on amène à Londres, des différens comtés voisins, pour être vendues, est incroyable. Chaque troupeau en comprend ordinairement deux ou trois mille. Il y en a toujours plusieurs de vieilles dont la chair, pour avoir été plumée trop souvent, est devenue sèche et dure.

Une oie bien nourrie pèse quinze ou seize livres; mais d'après la pratique usitée de les engraisser, on double ce poids. On cloue ces malheureuses bêtes par les pieds, et on les gorge de farineux en les empêchant de boire pour les étouffer dans leur graisse. Les Français ont imaginé l'horrible raffinement de leur crever les yeux; mais communément on se contente de les renfermer dans un endroit obscur.

Quoique la démarche gauche et la mauvaise grâce de l'oie aient fait donner ce nom aux gens sots et niais, elle ne manque point de sentiment ni d'intelligence. Le courage avec lequel elle défend sa couvée, et se défend elle-même contre l'oiseau de proie, et certains traits d'attachement, de reconnaissance que les anciens avaient recueillis, prouvent que le mépris qu'on a généralement pour elle est mal fondé. On sait que les oies du capitole sauvèrent Rome de l'invasion des Gaulois. L'anecdote suivante, communiquée à M. de Buffon par un homme véridique, fait encore honneur au caractère de l'oie.

Nous donnons ce récit dans le style naïf du concierge de Ris, où s'est passée la scène de cette amitié si fidèle. « Il y avait dans la basse-cour deux oies mâles, un gris et un blanc (nommé Jacquot), avec trois femelles ; c'était toujours querelle entre les deux mâles à qui aurait la compagnie de ces trois dames ; quand l'un ou l'autre s'en était emparé, il se mettait à leur tête, et empêchait que l'autre n'en approchât. Celui qui s'en était rendu le maître dans la nuit, ne voulait pas les céder le matin ; enfin les deux galans en vinrent à des combats si furieux, qu'il fallut y courir. Un jour entre autres, attiré au fond du jardin par leurs cris, je les trouvai, leurs cous entrelacés, se donnant des coups d'ailes avec une rapidité et une force étonnantes ; les trois femelles tournaient autour, comme voulant les séparer, mais inutilement; enfin, le mâle blanc eut le dessous, se trouva renversé, et était très-maltraité par l'autre ; je les séparai, heureusement pour le blanc, qui y aurait perdu la vie. Alors le gris se mit à crier, à chanter et à battre les ailes , en courant rejoindre ses compagnes , en leur faisant tour à tour un ramage bruyant , auquel répondaient les trois dames , qui vinrent se ranger autour de lui. Pendant ce temps là , le pauvre Jacquot faisait pitié , et , se retirant tristement , jetait de loin des cris de condoléance ; il fut plusieurs jours à se rétablir , durant lesquels j'eus occasion de passer par les cours où il se tenait : je le voyais toujours exclus de la société , et à chaque fois que je passais , il me venait faire des harangues , sans doute pour me remercier du secours que je lui avais donné dans sa grande affaire. Un jour il s'approcha si près de moi , et me marqua tant d'amitié , que je ne pus m'empêcher de le caresser en lui passant la main sur le cou et sur le dos , à quoi il parut être si sensible , qu'il me suivit jusqu'à l'issue des cours. Le lendemain je repassai , et il ne manqua pas de courir à moi ; je lui fis la même caresse , dont il ne se rassasiait pas : il semblait par ses manières me demander de le conduire près de ses chères amies ; je l'y conduisis en effet. En arrivant , il commença sa harangue et l'adressa aux trois dames , qui ne manquèrent pas d'y répondre. Aussitôt le conquérant gris sauta sur Jacquot ; je les laissai faire pour un moment , il était toujours le plus fort ; enfin je pris le parti de mon Jacquot , je le mis dessus , il revint dessous , je le remis dessus , de manière qu'ils se battirent onze minutes ,

et, par le secours que je lui portai, il devint vainqueur du gris et s'empara des trois demoiselles.
Quand l'ami Jacquot se vit le maître, il n'osait
plus quitter ses demoiselles, et par conséquent il
ne venait plus à moi quand je passais; il me donnait seulement de loin des marques d'amitié, en
criant et battant des ailes, mais ne quittait pas sa
proie de peur que l'autre ne s'en emparât. Le
temps se passa ainsi jusqu'à celui de l'incubation,
qu'il ne me parlait toujours que de loin; mais
quand ses femmes se mirent à couver, il les laissa,
et redoubla d'amitié pour moi. Un jour, m'ayant
suivi jusqu'à la glacière, tout au haut du parc,
qui était l'endroit où il fallait le quitter, poursuivant ma route pour aller au bois d'Orangis, à
une demi-lieue de là, je l'enfermai dans le parc;
il ne se vit pas plutôt séparé de moi, qu'il jeta des
cris étranges. Je suivais cependant mon chemin,
et j'étais environ au tiers de la route des bois;
quand le bruit d'un gros vol me fit tourner la tête,
je vis mon Jacquot qui s'abattit à quatre pas de
moi; il me suivit dans tout le chemin, partie à
pied, partie au vol, me dévançant souvent, et s'arrêtant aux croisières des chemins pour voir celui
que je voulais prendre; notre voyage dura ainsi
depuis dix heures du matin jusqu'à huit heures du
soir, sans que mon compagnon eût manqué de me

suivre dans tous les détours du bois, et sans qu'il en parût fatigué. Dès lors il me suivit et m'accompagna partout, au point d'en devenir importun, ne pouvant aller en aucun endroit qu'il ne fût sur mes pas, jusqu'à venir un jour me trouver dans l'église. Une autre fois, comme il me cherchait dans le village, en passant devant la croisée de M. le curé, il m'entendit parler dans sa chambre, et trouva la porte de la cour ouverte, il entre, monte l'escalier, et en entrant fait un cri de joie, qui fit grand'peur à M. le curé. Je m'afflige en vous contant de si beaux traits de mon bon et fidèle ami Jacquot, quand je pense que c'est moi qui ai rompu le premier une si belle amitié; mais il a fallu m'en séparer par la force : le pauvre Jacquot croyait être libre dans les appartemens les plus honnêtes comme dans le sien, et, après plusieurs accidens de ce genre, on me l'enferma, et je ne le vis plus. Mais son inquiétude a duré plus d'un an, et il en a perdu la vie de chagrin; il est devenu sec comme un morceau de bois, suivant ce que l'on m'a dit; car je n'ai pas voulu le voir, et l'on m'a caché sa mort pendant plus de deux mois. S'il fallait répéter tous les traits d'amitié que ce pauvre Jacquot m'a donnés, je ne finirais pas de quatre jours; il est mort dans la troisième année de son règne d'amitié, à l'âge de sept ans et deux mois.

Une jeune oie est réputée pour être un excellent manger ; mais le duvet de cet oiseau est ce qu'il donne de plus précieux. Presque tous nos lits d'Europe en sont composés. En Asie et dans les pays voisins, l'usage en est entièrement inconnu. On ne se sert que de matelas rembourrés de laine, de poil de chameau ou de coton. Il est vrai que la chaleur de ces climats dispense de coussins plus doux ; mais il est surprenant que les anciens n'aient pas connu les lits de plume : ce qui semble le prouver, c'est que Pline dit qu'on se servait de petits coussins de plumes pour reposer la tête.

Les plumes de Sommerset sont reconnues pour être les meilleures ; celles d'Irlande pour les plus mauvaises. La baie d'Hudson fournit aussi de très-belles plumes qu'on suppose venir d'une espèce d'oie.

L'OIE DES ILES HÉBRIDES.

La tête et le cou sont cendrés, teints de roussâtre. La poitrine et le ventre d'un blanc sale ; le dos est entièrement cendré ; les jambes et les pieds sont couleur de safran ; les ongles noirs. Ces oiseaux paraissent en automne dans les marais de la province de Lincoln ; pendant ce temps ils se nourrissent en grande partie de blé vert ; au printemps, ils s'en retournent dans les lieux sauvages de l'Europe.

LA BERNACHE.

Cet oiseau a le bec noir et très-court, marqué de chaque côté d'une tache couleur de chair ; une partie de la tête, le menton, la gorge, le ventre, sont blancs ; le reste de la tête, le cou et le commencement du dos noirs ; les cuisses tachetées ; tout le manteau est richement ondé de gris et de noir avec un frangé blanc ; le croupion, la queue et les pieds sont noirs.

Les bernaches sont assez communes en hiver dans quelques-unes des parties septentrionales et occidentales de l'Angleterre ; mais elles sont rares dans le midi, et on ne les voit que dans la mauvaise saison. Elles se retirent au mois de février pour aller nicher dans le nord.

Entre les fausses merveilles que l'ignorance, toujours crédule, a si long-temps mises à la place des faits simples et vraiment admirables de la nature, l'une des plus absurdes peut-être, et cependant des plus célèbres, est la prétendue production des bernaches dans certains coquillages, appelés *conques anatifères*, ou sur certains arbres des côtes d'Écosse et des Orcades, ou même dans les bois pourris des vieux navires. Pour l'intelligence de nos lecteurs, nous allons donner de courts extraits de trois auteurs qui ont écrit le plus positivement sur ce sujet, et le plus accrédité cette fausseté.

Mayer, qui a écrit un traité exprès sur cet oiseau, dit qu'il sort certainement de coquilles ; et, ce qui est encore plus merveilleux, qu'il a ouvert lui-même une centaine de ces coquilles prétendues anatifères, et qu'il y a toujours trouvé l'embryon de l'oiseau tout formé.

Gérard, auteur anglais, qui a écrit aussi sur ce sujet, dit qu'il a été témoin que ces oiseaux naissent de coquillages qui se forment sur les vieux vaisseaux et sur les arbres vermoulus ; que ces coquilles ont la forme d'une moule ; que lorsque l'oiseau est entièrement formé elles s'entr'ouvrent, et laissent voir d'abord les pieds de l'animal, qui à sa parfaite maturité sort de la coquille et tombe dans la mer : là il prend des plumes, et devient de la grosseur d'une oie.

Sir Robert Murray, dans un article sur la bernache, inséré dans les Transactions philosophiques, raconte qu'il a vu dans l'île d'Est un très-gros sapin couvert d'une multitude de petites coquilles, suspendues à l'arbre par une substance membraneuse, qu'il suppose devoir servir de nourriture à l'oiseau. Il assure avoir ouvert ces coquilles, et avoir trouvé dans toutes l'embryon parfaitement formé et distinct d'un oiseau aquatique semblable à une oie.

Voilà, sans doute, bien des erreurs et même des chimères sur l'origine des bernaches : mais comme ces fables ont eu beaucoup de célébrité, et qu'elles ont même été accréditées par un grand nombre d'auteurs, nous avons cru devoir les rapporter, afin de montrer à quel point une erreur scientifique peut être contagieuse, et combien le charme da merveilleux peut fasciner les esprits.

Les petites bernaches ou cravans fréquentent
en hiver les côtes de l'Angleterre, de la Hollande et de l'Irlande. Le plumage est en général
brun ; la tête , le cou et la poitrine sont noirs ,
avec un collier blanc. On les apprivoise facilement , et elles deviennent un manger très-délicat
après avoir été engraissées. Dans l'hiver de 1740,
le vent du nord amena une quantité prodigieuse
de ces oiseaux sur les côtes de Picardie , où - ils
firent un grand dégât en pâturant les blés ; ils
en dévoraient jusqu'aux racines. Les habitans des
campagnes leur déclarèrent une guerre générale ; mais quoiqu'ils en tuassent beaucoup à
coups de pierres et de bâtons , le nombre n'en
paraissait pas diminuer : ils ne furent délivrés de
ce fléau que lorsque le vent du nord qui les avait
amenés eût cessé ; peu de jours après ils étaient
tous partis.

L'OIE ARMÉE.

Cette espèce est la seule, non-seulement de la famille des oies, mais de toute la tribu des oiseaux palmipèdes, qui ait aux ailes des ergots ou éperons, tels que ceux dont le kamichi, le jacanas, quelques pluviers et quelques vanneaux sont armés; caractère singulier que la nature a peu répété, et qui, dans les oies, distingue celle-ci de toutes les autres. On peut la comparer, pour la taille, au canard musqué; elle a les jambes hautes et rouges, le bec de la même couleur, et surmonté au front d'une petite caroncule; la queue et les grandes pennes des ailes sont noires; leurs grandes couvertures sont vertes, les petites sont blanches et traversées d'un ruban noir étroit; le manteau est roux, avec des reflets d'un pourpre obscur; le tour des yeux est de cette même couleur, qui teint aussi, mais faiblement, la tête et le cou; le devant du corps est finement liseré de petits zigzags gris sur un fond blanc jaunâtre.

Brisson donne cette oie sous le nom d'*oie de Gambie*; et en effet il est certain qu'elle est naturelle en Afrique, et qu'elle se trouve particulièrement au Sénégal.

L'OIE BRONZÉE.

Cette espèce est grande et belle, et remarquable par une large excroissance charnue, en forme de crête, au-dessus du bec, et aussi par les reflets dorés, bronzés et luisans d'acier bruni dont brille son manteau sur un fond noir ; la tête et la moitié supérieure du cou sont mouchetées de noir dans du blanc, par petites plumes rebroussées, et comme bouclées sur le derrière du cou ; tout le devant du corps est d'un blanc teint de gris sur les flancs. Cette oie paraît moins épaisse de corps, et a le cou plus grêle que l'oie sauvage commune, quoique sa taille soit au moins aussi grande. Elle nous a été envoyée de la côte de Coromandel.

L'OIE DU CANADA ou A CRAVATE.

Elle est un peu plus grande que l'oie domestique. Le bec, la tête et le cou sont noirs ; sous la gorge est une large bande blanche de la forme d'un croissant; la poitrine, une partie du ventre, le dos et les couvertures des ailes sont brun foncé ; la queue est mêlée de noir et de blanc; les jambes sont couleur de plomb.

Les oies du Canada habitent les parties les plus septentrionales de l'Amérique. Chaque printemps on les voit par troupes dans la baie d'Hudson, d'où elles vont plus au nord pour nicher, et retournent au midi dans l'automne. Les Anglais de la baie d'Hudson font un grand usage de ces oiseaux pour leur nourriture. Dans les bonnes années ils en tuent souvent trois ou quatre mille, qu'ils salent et conservent dans des tonneaux. Ou attend leur arrivée avec impatience ; ce sont les précurseurs du printemps, et la lune dans laquelle ils doivent venir est nommée la lune de l'oie.

Il est extrêmement difficile de tuer ces oiseaux au vol. Les Indiens font de petites huttes avec des branchages qu'ils rangent sur une ligne, à une portée de fusil l'une de l'autre, dans les vastes marais du pays. Chaque hutte est occupée par une seule personne qui attend le passage des oiseaux, et, à leur approche, contrefait si bien leur cri, que l'oie trompée s'approche de la hutte pour y répondre. Le chasseur, immobile et sur ses genoux, ne tire que lorsqu'il a aperçu les yeux de l'oie. Quand il en a tué une, il la pose sur des branches, comme si elle était vivante pour attirer les autres. Il se sert aussi d'oiseaux empaillés, dans le même dessein. Dans un bon jour (car ces oiseaux volent par troupes plus ou moins nombreuses), un seul Indien peut en tuer deux cents. Quoique chaque espèce d'oie ait un cri différent, les Indiens les imitent tous admirablement bien.

L'OIE DE NEIGE.

Cette oie est de la grosseur de l'oie commune. La mandibule supérieure du bec est écarlate, l'inférieure blanchâtre ; la couleur générale du plumage est le blanc, à l'exception des dix premières pennes des ailes qui sont noires, marquées de blanc. Les plumes des jeunes sont bleues, jusqu'à ce qu'elles aient atteint un an ; les jambes sont rouges.

Ces oiseaux sont très-communs à la baie d'Hudson ; ils la quittent au printemps pour aller nicher dans un pays encore plus septentrional. On les trouve aussi dans le nord de l'ancien continent. Dans la Sibérie, les habitans en font presque leur nourriture principale, et leurs plumes sont un article de commerce assez important. Chaque famille en tue des milliers dans une saison; après les avoir plumés et vidés, ils les jettent par monceaux dans des trous faits exprès, et les recouvrent seulement de terre qui, lorsqu'elle est gelée, forme une voûte; et quand on ouvre ces magasins, on trouve les provisions parfaitement bonnes et fraîches. Dans ces climats glacés, ces oiseaux sont si peu farouches, qu'on les prend de la manière la plus ridicule. On place en droite ligne, sur le bord des rivières, un grand filet; un des chasseurs, revêtu de la peau d'un renne blanc, s'avance vers le troupeau d'oies, et se retourne ensuite du côté du filet; ses compagnons vont alors derrière le troupeau, et l'effarouchent pour le pousser en avant. Les oiseaux, prenant l'homme en blanc pour leur conducteur, le suivent sans se méfier du filet qui, baissé avec promptitude, les enveloppe, et les rend tous esclaves. Cependant M. Hearne, dans son Voyage au nord de l'Océan, dit que l'oie de neige est la plus farouche de toutes les espèces d'oies.

L'OIE GRISE DES ILES FALKLAND.

Cet oiseau est très-gros, et pèse vingt ou trente livres ; le bec est de couleur orange ; la tête, le cou et le dessus du corps sont cendrés ; les cuisses presque bleues ; les grandes pennes des ailes et la queue sont noires ; le pli de l'aile est armé d'un éperon jaune d'un demi-pouce de long.

Ces oiseaux sont incapables de voler, à cause de la brièveté de leurs ailes, mais ils courent très-vite sur l'eau ; leur chair est dure et de mauvais goût. Ils habitent principalement les îles Falkland, la terre des États, etc. On les voit ordinairement par paires.

L'OIE RIEUSE.

Edwards a donné le nom d'*oie rieuse* à cette espèce qui se trouve au nord de l'Amérique, sans nous dire la raison de cette dénomination, qui vient apparemment de ce que le cri de cette oie aura paru avoir du rapport avec un éclat de rire. Elle est de la grosseur de notre oie sauvage ; elle a le bec et les pieds rouges ; le front blanc ; tout le plumage au-dessus du corps d'un brun plus ou moins foncé, et au-dessous d'un blanc, parsemé de taches noirâtres. L'individu décrit par Edwards lui avait été envoyé de la baie d'Hudson ; mais il dit en avoir vu de semblables à Londres dans les grands hivers. L'oie rieuse se trouve aussi au nord de la Suède, en Russie et en Sibérie. M. Pallas dit-que l'on voit jusqu'au mois de mai, des troupes de ces oies à Oufa, et qu'ensuite elles se rendent dans des contrées plus septentrionales ; elles paraissent de même dans les landes de la province d'Istek. Le même voyageur en aperçut aussi des troupes, en avril, près de l'embouchure de l'Oustiak : les unes couraient dans la campagne pour chercher leur pature ; les autres se dirigeaient dans les airs vers le nord. M. Soujef, un des compagnons de M. Pallas, remarqua également, au mois de septembre, une grande quantité d'oies rieuses qui arrivaient du nord dans les environs de Bérézat.

L'OIE A COIFFE NOIRE.

Deux bandes noires parallèles, dessinées en croissant, dont les pointes remontent vers les yeux, forment une espèce de coiffe sur le derrière de la tête de cet oiseau; quelques taches de la même couleur sont parsemées sur le fond blanc de la partie supérieure du cou; le reste de la tête et la gorge sont du même blanc, aussi-bien que le croupion et les couvertures inférieures de la queue; les plumes du dos sont grises, et bordées d'une teinte plus claire, un joli gri cendré colore le dessous du cou et celui du corps, à l'exception du bas-ventre, dont les plumes sont brunes et bordées de blanc; la queue est grise, mais son extrémité est blanche; le bec, d'un brun jaunâtre, a son ongle noir, et les pieds sont fauves.

On voit dans l'Inde, pendant l'hiver, des troupes nombreuses de ces oies : elles y font de grands ravages dans les champs de blé, mais, par une sorte de compensation, leur chair est excellente. Elles repartent au printemps, et l'on suppose qu'elles retournent au Thibet et dans d'autres contrés du nord, d'où elles reviennent à l'approche de l'hiver.

L'OIE A COU ROUX.

Cette espèce est l'une des plus élégantes ; elle est peu connue en Angleterre, et habite principalement les côtes de la mer Glaciale. Elle pèse ordinairement trois livres. Sa chair est très-savoureuse, et exempte de l'odeur d'huile et du marécage qui déplaît dans les autres oiseaux aquatiques.

L'OIE KASARKA.

Elle n'est pas plus grosse que le canard sauvage. On la trouve en Sibérie. Elle passe, dit-on, l'hiver dans l'Inde. Le bec est noir, le cou, entouré d'un collier noir, est couleur de fer, la couleur dominante du plumage, est un rouge de brique assez vif ; la queue est d'un noir verdâtre. Ces oiseaux établissent leur nid dans des arbres creux. Le mâle et la femelle couvent tour-à-tour. L'attachement qu'ils ont l'un pour l'autre est si fort, que lorsque le mâle est tué, la femelle ne quitte point le chasseur qu'elle ne l'ait forcé à tirer deux ou trois fois sur elle. Leur voix ressemble au son d'une clarinette. On a fait de vains efforts pour les apprivoiser.

L'OIE DE GUINÉE.

Cet oiseau, unissant l'espèce de l'oie à celle du cygne, avait été nommé, avec assez de justesse, l'oie-cygne. On l'appelle aussi quelquefois l'oie de Moscovie. Il est commun dans la Grande-Bretagne, et s'allie facilement avec l'oie commune. Sa démarche est fière; il porte sa tête haute. Ces oiseaux ont la voix extrêmement forte et éclatante; ils la font entendre pendant toute la journée, sans qu'on les provoque en aucune manière.

LE MACAREUX.

CET oiseau, de la grosseur d'une sarcelle, a douze pouces de long, et pèse douze onces : les yeux sont gris ou cendrés ; les parties supérieures de la tête et du corps sont noires, les inférieures blanches ; la gorge est entourée d'une espèce de collier noir ; les côtés de la tête sont blanchâtres, légèrement teints de jaune ; les ailes extrêmement courtes ; la queue noire a deux pouces de long ; les jambes et les pieds sont orange, les ongles bleu foncé ; le bec est d'une forme triangulaire, terminée par une pointe aiguë, qui est rouge, et cannelée transversalement par trois ou quatre petits sillons ; la mandibule supérieure, un peu courbée en bas, est bordée près de la tête d'une substance calleuse, comme dans le perroquet ; les yeux sont placés au milieu d'une excroissance de chair d'une couleur livide.

Le macareux a les jambes placées tellement en arrière, qu'il marche presque en se roulant sur la terre, il a même de la difficulté à prendre son essor, mais il vole rapidement au-dessus de l'eau, dont il effleure la surface avec ses pieds, c'est ce qui a fait dire que, pour se soutenir, il la battait sans cesse des ailes.

Les macareux ne font point de nid, ils pondent leurs œufs dans les fentes de rocher , ou dans des trous près du rivage, qu'ils savent creuser et agrandir eux-mêmes lorsqu'ils n'en trouvent point de tout faits. « Pendant l'hiver, dit Willoughby, ces oiseaux sont absens , et visitent des régions trop éloignées pour craindre d'y être découverts. A la fin de mars ou au commencement d'avril, une petite troupe arrive , et demeure deux ou trois jours comme pour reconnaître leurs anciennes habitations, et voir si elles sont en bon état. Cet examen fait, ce détachement part, et revient au commencement de mai avec l'armée entière. Mais si la saison est orageuse, si la mer est agitée, les infortunés voyageurs essuient bien des fatigues : on les trouve par centaines sur les rivages, où leur maigreur extraordinaire atteste qu'ils sont morts de faim. Il est probable que ce voyage s'exécute beaucoup plus dans l'eau que dans l'air, et que ne pouvant pêcher pendant les tempêtes , les forces de ces malheureux oiseaux sont épuisées avant qu'ils aient pu arriver à leurs retraites hospitalières.

Lorsque le macareux se prépare à couver (ce qui arrive toujours peu de jours après son arrivée), il creuse un trou près du rivage ; après avoir pénétré un peu avant dans la terre , il se

T. 4.

renverse sur le dos, et se retourne en tous sens, et fouille avec son bec et ses ongles jusqu'à ce qu'il ait formé un trou de huit ou dix pieds de profondeur. Il creuse ordinairement sous une pierre, parce qu'il s'y trouve plus en sûreté. Ce travail est principalement la tache des mâles, et ils y sont si attentifs, qu'on peut les prendre alors avec la main. Quelquefois ils s'épargnent la peine de faire des trous, en prenant ceux des lapins. Dans ces retraites fortifiées la femelle pond un œuf blanc de la grosseur d'un œuf de poule, quoique l'oiseau ne soit pas beaucoup plus gros qu'un pigeon.

Le mâle partage avec la femelle le soin de couver. Les petits sont éclos au commencement de juillet. Le courage avec lequel le père et la mère les défendent est incroyable. Peu d'animaux osent les attaquer dans leurs retraites. Jacobson prétend que, lorsque le corbeau s'en approche, le macareux va hardiment à sa rencontre, s'attache à sa gorge avec son bec, et, enfonçant ses ongles dans sa poitrine, ne le quitte point qu'il ne l'ait entraîné sous l'eau, où il parvient quelquefois à noyer son ennemi. Souvent aussi le corbeau est vainqueur; lorsqu'il peut pénétrer dans le trou du macareux sans en être aperçu, il le dévore, ainsi que sa famille. »

Ces oiseaux appartiennent à nos mers, et paraissent avoir leur rendez-vous aux îles Sorlingues, mais plus particulièrement encore à l'îlet ou écueil à la pointe sud de l'île de Man. On y voit surtout en abondance, un oiseau du même genre, mais d'une espèce différente. Ils y arrivent en foule au printemps, et commencent par faire la guerre aux lapins, qui en sont les seuls habitans : ils les chassent de leurs trous pour y nicher. Dès que le petit est éclos, la mère le quitte de grand matin, pour ne revenir que le soir, et c'est pendant la nuit qu'elle le nourrit, en le gorgeant par intervalles de la substance du poisson qu'elle pêche tout le jour à la mer : l'aliment, à demi digéré dans son estomac, se convertit en une sorte d'huile qu'elle donne à son petit ; cette nourriture le rend extrêmement gras ; et dans ce temps les chasseurs font grande et facile capture de ces jeunes oiseaux, en les prenant dans leurs terriers. Mais ce gibier, pour devenir mangeable, a besoin d'être mis dans le sel, afin de tempérer le mauvais goût de sa graisse excessive. Willoughby dit, que les chasseurs, ayant coutume de couper un pied à chacun de ces oiseaux, pour faire à la fin compte total de leurs prises, le peuple s'était persuadé là-dessus qu'ils naissaient avec un seul pied. L'église permettait autrefois de manger la chair de ces oiseaux dans les jours maigres. On les prenait aussi avec des furets, comme les lapins; maintenant on les fait sortir de leurs trous avec des bâtons crochus.

La chasse continuelle qu'on fait à ces oiseaux dans l'île de Man, ne les intimide ni ne les fait fuir; au contraire, le peuple prétend que c'est les engager à couver au même lieu que de dérober leur nid. Tous les oiseaux de ce genre ne pondent qu'un œuf; cependant, s'il est pris, ils en pondent un second, et de même un troisième; mais les petits de ceux dont on a dérobé les œufs, se trouvent élevés trop tard, et s'ils ne sont pas entièrement couverts de plumes à l'époque de la migration des autres, ils demeurent dans l'île. C'est au mois d'août qu'ils quittent tous leur demeure de l'été, pour n'y reparaître qu'au printemps suivant. Il est probable qu'ils vont dans des régions plus froides; car nos marins voient souvent des troupes considérables d'oiseaux aquatiques qui, à leur retour, dirigent leur course vers le nord. Les climats froids semblent, en effet, leur être les plus convenables, et le nombre d'oiseaux aquatiques y est plus grand que dans les pays chauds. La quantité d'huile dont leur corps est imprégné, les garantit de la rigueur du froid; mais elle leur devient nuisible dans les climats chauds, où elle se corrompt, et sa putréfaction en fait périr une grande quantité. Cependant, en général, on ne peut pas dire que les oiseaux aquatiques soient particuliers à aucun climat, l'élément dans lequel ils vivent étant leur résidence principale. Ils demeurent nécessairement quelques mois de l'été sur la terre pour élever leurs petits; mais ils passent le reste de l'année à voyager, ou sur des côtes inconnues, où ils trouvent en abondance le poisson dont ils se nourrissent.

M. Pennant a assuré que l'affection de ces oiseaux pour leurs petits est si grande, que lorsqu'on les en sépare et qu'on les tient par les ailes, ils se font eux-mêmes, par désespoir, de cruelles morsures aux parties de leur corps qu'ils peuvent atteindre, et que rendus à la liberté, ils se précipitent dans leurs trous au lieu de s'enfuir. Cependant M. Bingley, qui, pour s'assurer de ce fait, a pris en 1801, dans leurs retraites, plusieurs de ces oiseaux qui avaient des petits, certifie qu'ils l'ont seulement mordu avec violence, mais qu'ils n'ont point tourné leur désespoir contre eux-mêmes. Ceux à qui il rendit la liberté s'enfuyaient dans le trou qui se trouvait le plus près, ou s'envolaient, si cela leur paraissait plus aisé. Lorsque ces oiseaux sont avec leurs petits, ils font entendre un bourdonnement singulier, semblable au bruit d'un rouet à filer; quand ils sont pris, ce bruit augmente; et, au moment où ils essaient de s'échapper, il ressemble aux efforts que ferait un muet pour parler.

Les jeunes sont entièrement couverts d'un duvet long et noirâtre; et pour la forme, ils sont si différens des vieux, qu'on a peine à croire que ce soit la même espèce : leur bec est long, pointu, et noir, mais on n'y aperçoit presque pas de rainures.

Les Kamtschadales et les Kuriles portent à leur cou, plusieurs becs de macareux, attachés à une courroie de cuir, que les prêtres leur donnent avec une cérémonie particulière, et ils croient être favorisés de la fortune tout le temps qu'ils conservent cette espèce de talisman.

D'après les observations faites par le révérend Hugh Davies, d'Aber en Carnaevonshire, sur les différentes formes du bec des macareux, il paraît certain que ces oiseaux ne couvent point avant d'avoir atteint leur troisième annéé. Une tempête ayant fait périr un grand nombre de ces oiseaux, il alla sur la côte, et eut occasion de les remarquer aux différentes époques de leur vie. Ceux qu'il supposa être de la première année avaient le bec faible , petit , sans rainures , et d'une couleur brune. Ceux de la seconde année l'avaient considérablement plus fort et plus grand , d'une couleur claire, avec un commencement de rainure à la base ; enfin celui des plus âgés avait les couleurs plus vives , les rainures distinctes , et était extrêmement fort.

L'IMBRIM ou GRAND PLONGEON DE LA MER DU NORD.

Cet oiseau a près de trois pieds et demi de longueur ; le bec, long de quatre pouces et demi, est noir, à l'exception de la pointe qui est d'un blanc pâle ; la tête et le cou sont d'un noir velouté. Il est aussi très-remarquable par un collier échancré en travers du cou, et tracé par de petites raies longitudinales , alternativement noires et blanches ; le dessus du corps est noir, parsemé de mouchetures blanches , et le dessous d'un beau blanc ; les ailes sont courtes, la queue et les jambes noires. La femelle est moins grosse que le mâle. Ces oiseaux habitent principalement les mers du nord, et ils sont communs sur quelques-unes des côtes de l'Écosse.

Quoique beaucoup d'oiseaux aquatiques aient l'habitude de plonger, même jusqu'au fond de l'eau, en poursuivant leur proie, on a donné de préférence le nom de *plongeon* a une petite famille particulière de ces oiseaux plongeurs, qui diffèrent des autres en ce qu'ils ont le bec droit et pointu, et les trois doigts antérieurs joints ensemble par une membrane entière qui jette un rebord le long du doigt intérieur, dont néanmoins le postérieur est séparé. Les plongeons ont de plus les ongles petits et pointus, la queue très-courte et presque nulle, les pieds très-plats, et placés tout-à-fait à l'arrière du corps ; enfin la jambe cachée dans l'abdomen, disposition très-propre à l'action de nager, mais très-contraire à celle de marcher. En effet, les plongeons sont obligés, sur terre, de se tenir debout dans une situation droite et presque perpendiculaire, sans pouvoir maintenir l'équilibre dans leurs mouvemens : au lieu qu'ils se meuvent dans l'eau d'une manière si preste et si prompte, qu'ils évitent la balle en plongeant à l'éclair du feu au même instant que le coup part. Aussi les bons chasseurs, pour tirer ces oiseaux, adaptent à leur fusil un morceau de carton, qui, en laissant la mire libre, dérobe l'éclair de l'amorce à l'œil de l'oiseau.

Beaucoup de personnes savent, d'après leurs propres observations, que le mouvement des pieds des oiseaux aquatiques, en nageant, est le même que s'ils marchaient sur la terre. « Mais personne n'a peut-être remarqué, dit M. White, que les oiseaux plongeurs s'aident autant de leurs ailes que de leurs pieds pour nager. On peut aisément se convaincre de la vérité de cette assertion en examinant des canards lorsqu'ils sont poursuivis par des chiens dans un étang peu profond. Je ne crois pas non plus qu'on ait encore expliqué pourquoi les ailes des oiseaux plongeurs sont placées si en avant : il est présumable (puisque cette position ne fait que les gêner pour le vol) que c'est afin d'accroître la vitesse de leurs mouvemens sous l'eau, en leur procurant quatre rames au lieu de deux ; car, si elles étaient placées près des pieds comme dans les oiseaux terrestres, elles leur seraient beaucoup plus nuisibles qu'utiles pour nager. »

Quelques écrivains du nord, tels que Hocerus, médecin de Berghen, ont avancé que ces oiseaux faisaient leur nid et leur ponte sous l'eau ; ce qui, loin d'être vrai, n'est pas même vraisemblable ; et ce qu'on lit à ce sujet dans les Transactions philosophiques, que l'imbrim tient ses œufs sous ses ailes, et les couve ainsi en les portant partout avec lui, paraît également fabuleux : tout ce qu'on peut inférer de ces contes, c'est que probablement cet oiseau niche sur des écueils ou des côtes désertes, et que jusqu'à ce jour aucun observateur n'a vu son nid.

Sonnini dit cependant que l'imbrim construit son nid de mousse et d'herbes sur les bords solitaires des grands lacs, et que la femelle y dépose au mois de juin deux œufs fort gros et d'un brun clair.

LE LUMME ou PETIT PLONGEON.

Lumme ou loom, en lapon, veut dire boiteux ; et ce nom peint la démarche chancelante de cet oiseau, lorsqu'il se trouve à terre, où néanmoins il ne s'expose guère, nageant presque toujours, et nichant à la rive même de l'eau sur les côtes désertes ; peu de gens ont vu son nid, et les Irlandais disent qu'il couve ses œufs sous ses ailes en pleine mer, ce qui n'est guère plus vraisemblable que la couvée de l'imbrim sous l'eau.

Le lumme est moins grand que l'imbrim, et n'est que de la taille du canard ; le bec, d'une couleur livide et noirâtre, est droit et pointu ; le dos est noir, parsemé de petits carrés blancs ; la gorge noire, ainsi que le devant de la tête, dont le dessus est couvert de plumes grises ; le haut du cou est garni de semblables plumes grises, et paré au devant d'une longue pièce nuée de noir, changeant en violet et en vert ; un duvet, épais comme celui du cygne, revêt toute la peau, et les Lapons se font des bonnets d'hiver de ces fourrures ; les ongles de devant sont longs, ceux de derrière très-courts ; les jambes brunes et courtes, sont placées si fort en arrière, que l'oiseau ne peut marcher qu'en s'élevant perpendiculairement sur sa queue, qui est très-courte. Quelques-uns de ces oiseaux ont une espèce de collier autour du cou, avec la tête noire, parsemée de petites taches et de lignes blanches, mais ces lignes ne se voient guère qu'aux mâles, et peuvent servir à les faire distinguer des femelles.

Le principal domicile de ces oiseaux est sur les côtes de Norwège, d'Islande et du Groënland ; ils les fréquentent pendant tout l'été, et y font leurs petits, qu'ils élèvent avec des soins et une sollicitude singulière. Anderson nous fournit à ce sujet des détails qui seraient intéressans s'ils étaient tous exacts ; il dit que la ponte n'est que de deux œufs , et qu'aussitôt qu'un petit lumme est assez fort pour quitter le nid , le père et la mère le conduisent à l'eau , l'un volant toujours au-dessus de lui pour le défendre de l'oiseau de proie, l'autre au-dessous pour le recevoir sur le dos en cas de chute , et que , si malgré ce secours le petit tombe à terre , les parens s'y précipitent avec lui , et plutôt que de l'abandonner, se laissent prendre par les hommes ou manger par les renards , qui ne manquent jamais de guetter ces occasions , et qui, dans ces régions glacées et dépourvues de gibier de terre , dirigent toute leur sagacité et toutes leurs ruses à la chasse des oiseaux. Cet auteur ajoute que , quand une fois les lummes ont gagné la mer avec leurs petits , ils ne reviennent plus à terre ; il assure même que les vieux , qui par hasard ont perdu leur famille, ou qui ont passé le temps de nicher , n'y viennent jamais , nageant toujours par troupes de soixante ou de cent. « Si on jette , dit-il , un petit dans la mer devant une de ces troupes, tous les lummes viennent sur-le-champ l'entourer , et chacun s'empresse de l'accompagner , au point de se battre entre eux autour de lui jusqu'à ce que le plus fort l'emmène ; mais , si par hasard la mère du petit survient , toute la querelle cesse sur-le-champ , et on lui cède son enfant. »

Le lumme est conmun aussi dans les parties septentrionales de l'Amérique. Un voyageur moderne rapporte la méthode employée par les naturels pour tuer ces oiseaux très-difficiles à surprendre ; ils placent de grandes branches à la tête de leur canot, derrière lesquelles ils se cachent ; ils se glissent sans bruit près des lieux fréquentés par les lummes, et ils les tirent lorsqu'ils sont à une distance convenable, mais souvent sans succès. Ils font sécher les peaux, très-dures et très-épaisses, de ces oiseaux et ils s'en servent comme de fourreaux dont ils enveloppent leurs fusils, afin de le préserver de l'humidité.

LE PLONGEON DE MER.

Cet oiseau pèse trois livres ; le corps est entièrement couvert de plumes douces et épaisses ; la tête et le cou sont bruns, ainsi que le dos et les côtés, qui sont plus foncés ; la poitrine et le ventre, d'un blanc argenté ; il n'a point du tout de queue ;

les grandes pennes des ailes sont noirâtres, les petites blanches.

Le bec, de deux pouces et demi de long, est étroit, d'une couleur rougeâtre, et paraît comprimé de chaque côté. La langue est un peu fourchue; les yeux sont bruns mêlés de rouge; les ongles larges sont presque semblables à ceux de la main d'un homme, noirs d'un côté, et bleus ou plutôt cendrés de l'autre.

Ces oiseaux se nourrissent de petits poissons, d'herbes marines, etc.

LE PLONGEON HUPPÉ.

Il est de la grosseur d'un canard; le bec est rouge et long de deux pouces; il a sur le sommet de la tête une belle huppe; les plumes du cou forment un collier ou une espèce de fraise; le sommet de la tête est noir; les côtés du cou sont rougeâtres; les ailes et le dos d'un brun foncé presque noir, à l'exception des plumes les plus extérieures des ailes, qui sont blanches; la poitrine et le ventre sont cendrés; il n'a point de queue; les pieds et les ongles sont larges et plats, assez semblables à ceux de l'espèce précédente. Cet oiseau a un cri désagréable : la colère ou le plaisir lui font redresser ou abaisser les plumes de sa huppe.

LE GRAND PINGOUIN.

Cet oiseau est de la taille de l'oie; le bec est noir et a quatre pouces de long; il a la tête, le cou et tout le manteau d'un beau noir, en petites plumes courtes, mais douces et lustrées comme du satin; une grande tache blanche ovale se marque entre le bec et l'œil, et le rebord de cette tache s'élève comme un bourlet de chaque côté du sommet de la tête, qui est fort aplatie; le dessous du corps est blanc; et les ailes, beaucoup trop courtes pour le vol, sont marquées d'une longue tache blanche. Cet oiseau a aussi beaucoup de difficulté à marcher; mais il nage et plonge très-bien. Cependant les marins ont observé qu'il ne s'éloigne jamais des sondes, car sa rencontre est pour eux une annonce infaillible de l'approche des terres. Il se nourrit de poissons; il fréquente les côtes de la Norwège, du Groënland et de Terre-Neuve; il pond ses œufs sur le rivage de la mer.

LE PINGOUIN.

Cet oiseau n'est pas si gros que le canard privé ordinaire ; le bec est gros et long de deux pouces , noir, très-aplati par les côtés , qui sont cannelés de quatre sillons, dont celui du milieu est blanc , tout à côté de son ouverture, et sous le velouté qui revêt la base du bec , les narines sont ouvertes en fentes longues ; il y a de chaque côté de la mandibule supérieure une petite ligne blanche qui va rejoindre l'œil. La mandibule supérieure, légèrement crochue , dépasse un peu l'inférieure ; le dessous du bec est d'un beau jaune ; les yeux sont couleur de noisette ; la tête , le cou et le dessus du corps sont noirs ; la poitrine , le ventre et les couvertures des aîles blancs ; la queue, longue de trois pouces, est noire, ainsi que les jambes , les pieds et les ongles. Ces oiseaux nichent sur les rochers qui bordent la mer , et pondent de gros œufs blancs tachetés de noir.

LE GUILLEMOT.

Il est de la grosseur d'un canard commun; le dessus du corps est brun foncé presque noir, à l'exception de quelques-unes des plumes des ailes, dont la pointe est blanche; le dessous est blanc; la queue a deux pouces de long; ses ailes sont si étroites et si courtes, qu'à peine peut-il fournir un vol faible au-dessus de la surface de la mer, et que, pour atteindre à son nid posé sur les rochers, il ne peut que voleter, ou plutôt sauter de pointe en pointe sur la roche, en prenant à chaque fois un instant de repos; les pieds n'ont que trois doigts, et sont placés tous à l'arrière du corps, situation qui rend cet oiseau aussi bon nageur et plongeur qu'il est mauvais marcheur et faible pour le vol: aussi sa seule retraite, lorsqu'il est poursuivi ou qu'il se sent blessé, est-elle sous l'eau et même sous la glace; mais il faut pour cela que le danger soit pressant, car cet oiseau est très-peu défiant; il se laisse approcher et prendre avec une grande facilité, et c'est de cette apparence de stupidité que vient l'étymologie anglaise de son nom guillemot.

Ces oiseaux se réunissent à d'autres, et nichent sur

les sommets des rochers les plus hauts ; leurs œufs sont très-gros, pointus par un bout, et d'une couleur bleuâtre, tachetés de noir.

Les guillemots sont communs dans les îles Feroé, l'île d'Anglesey, sur les côtes de Norwège et d'Angleterre.

LE PETIT GUILLEMOT.

Le petit guillemot pèse environ seize onces ; les parties supérieures du plumage sont plus foncées que dans l'espèce précédente. Le guillemot noir l'est entièrement, à l'exception d'une large tache blanche sur les ailes ; mais on prétend qu'en hiver il devient blanc. Il y a en Écosse une variété de cet oiseau dont le plumage est tacheté, et que M. Edwards a décrit sous le nom de *colombe du Groënland*. Le guillemot marbré, que l'on trouve au Kamtschatka, a pris son nom de son plumage, qui est brun foncé, élégamment marbré de blanc.

LE HARLE.

Le harle est d'une grosseur intermédiaire entre le canard et l'oie ; il pèse environ quatre livres. Le dessus du cou avec toute la tête, est d'un noir changeant en vert par reflets , et la plume , qui en est fine , soyeuse , longue , est relevée en hérisson depuis la nuque jusque sur le front , et grossit beaucoup le volume de la tête ; la poitrine et le ventre sont d'un beau jaune pâle ; le dos est de trois couleurs , noir sur le haut et sur les grandes pennes des ailes , blanc sur les moyennes de la plupart des couvertures , et agréablement liseré de gris sur blanc au croupion ; la queue est grise ; les yeux , les pieds et une partie du bec sont rouges.

Dans le genre du harle , la femelle est constamment beaucoup plus petite que le mâle , elle en diffère aussi , comme dans la plupart des espèces d'oiseaux d'eau , par ses couleurs ; elle a la tête rousse , le manteau gris et le dessous du corps blanc.

Le harle nage tout le corps submergé , et la tête seule hors de l'eau ; il plonge profondément, reste long-temps sous l'eau , et parcourt un grand espace avant de reparaître : il se nourrit de poissons. On dit qu'il se perche et fait son nid, comme le cormoran, sur les arbres ou dans les rochers.

LE HARLE COURONNÉ et LE HARLE A POITRINE ROUGE.

Le harle couronné, qui se trouve en Virginie, est remarquable par une belle huppe qui couronne sa tête ; cette huppe est formée de plumes relevées en disque, noires à la circonférence et blanches au milieu ; la poitrine et le ventre sont blancs ; la tête, le bec, le cou et le dos noirs ; les pennes de la queue et de l'aile brunes ; celles de l'aile, les plus intérieures, sont noires et marquées d'un trait de blanc. Ce harle est à peu près de la grosseur du canard. La femelle est toute brune, et sa huppe est plus petite que celle du mâle. Elle pond de quatre à six œufs tout blancs ; les petits qui en sortent au mois de juillet sont couverts d'un duvet jaunâtre ; le nid est construit avec des herbes, et

garni mollement à l'intérieur de plumes que le
père et la mère s'arrachent du ventre.

La harle à poitrine rouge pèse deux livres; la
tête et le haut du cou sont d'un noir violet changeant en vert doré; la poitrine est d'un roux varié
de blanc, le dos noir; le croupion et les flancs sont
rayés en zigzags de brun et de gris blanc, l'aile
est variée de noir, de brun, de blanc et de cendré.
Il y a des deux côtés de la poitrine, vers les épaules,
d'assez longues plumes blanches bordées de noir;
le bec et les pieds sont rouges. La femelle diffère
du mâle en ce qu'elle a la tête d'un roux terne, le
dos gris, et tout le devant du corps blanc,
faiblement teint de fauve sur la poitrine. Elle
n'a pas non plus de huppe, tandis que le mâle
en a une très-belle.

———

LA PIETTE ou LE PETIT HARLE HUPPÉ.

Cet oiseau a dix-huit pouces de longueur depuis
le bout du bec jusqu'à l'extrémité de la queue, et
deux pieds d'envergure; il pèse environ une livre

et demie, il a sur la tête une belle huppe composée de plumes longues qui retombent sur le dos.
Il y a de chaque côté de la tête une tache noire;
le reste de la tête et le cou sont blancs, ainsi que
le dessous du corps; le dos et les ailes sont agréablement variés de noir et de blanc; la queue, d'un
brun cendré, a trois pouces de long, et les plumes
latérales vont en se raccourcissant graduellement;
le bec est d'une couleur plombée, tacheté de
blanc à l'extrémité, et un peu crochu; les narines sont larges et ouvertes, les yeux bruns, les
jambes et les pieds à peu près de la même couleur que le bec.

La femelle de cet oiseau n'a point de huppe,
les côtés de sa tête sont roux, les ailes brun
cendré, la gorge blanche; pour tout le reste
elle ressemble au mâle. Ces oiseaux se nourrissent de poissons. Ils sont très-rares en Angleterre,
excepté dans les hivers rigoureux, et ils ne se
réunissent alors que par petites troupes de trois
ou quatre.

LE PLONGEON DE LA CHINE.

Cet oiseau a le dessus du corps d'un brun verdâtre, le devant du cou de la même couleur, mais plus pâle ; le dessous du corps est d'un blanc jaunâtre tacheté de brun ; les jambes sont cendrées ; le bec est brun ; sa taille n'a jamais été bien déterminée.

On croit que cet oiseau est au nombre de ceux dont les Chinois se servent pour pêcher. Pour cet usage, on lui passe autour du cou un anneau pour l'empêcher d'avaler le poisson. Perché sur le bord du bateau de son maître, il est accoutumé à plonger pour saisir sa proie, et à la rapporter promptement pour qu'on la lui ôte du bec : cet exercice continue jusqu'à ce que son maître, content de la pêche de son oiseau, lui délie le cou et lui permette d'aller pêcher pour son propre compte. L'oiseau que les pêcheurs chinois emploient le plus communément pour cet usage, est une espèce de pélican, appelé *le cormoran pêcheur*. Nous donnerons, à l'article de cet oiseau, un détail abrégé de cette singulière manière de pêcher.

LE MANCHOT.

Les manchots semblent tenir, au midi de la terre, la même place que les macareux dans le nord; ils ressemblent à ces oiseaux dans presque toutes leurs habitudes, ainsi que pour le plumage, la manière de se nourrir et de faire leur nid : ils ont un cri semblable à celui de l'oie, mais encore plus rauque.

Le bec du manchot est fort, étroit, cannelé sur les côtés et un peu courbé au bout; la langue est garnie de fortes épines, dont les pointes sont tournées en arrière; le corps est couvert de plumes courtes et épaisses, et placées l'une sur l'autre comme des écailles; les jambes sont grosses et courtes, posées très en arrière, près de la queue; les pieds, noirs et plats, ont quatre ongles, tous dirigés en avant; la queue est roide, composée de plumes semblables à des écailes; les ailes, très-petites, sont couvertes, comme le reste du corps, de plumes extrêmement courtes, et ressemblent assez à des nageoires de poisson : ces ailes leur servent plutôt de rames pour nager, que pour voler; d'ailleurs, quoique ces oiseaux (surtout ceux de la petite espèce) n'aient qu'un corps très-léger à soutenir, ils ne viennent à terre que pour y faire leurs œufs et y couver, et quittent rarement l'élément où ils trouvent une nourriture abondante et une retraite sûre.

Si les ailes des manchots sont inutiles pour le vol, leurs jambes le sont presque autant pour marcher. Le genou étant caché dans le ventre, on n'aperçoit que deux jambes courtes, ou pour mieux dire, deux pieds qui semblent sortir de dessous le croupion, et sur lesquels l'oiseau est très-mal supporté. Quand il est debout ou qu'il marche, il se tient droit, et ressemble à un chien à qui on a appris à se tenir sur les pattes de derrière. La brièveté de leurs jambes ne donnent au corps qu'un mouvement lent et de côté plutôt qu'en avant; si ces oiseaux ne s'aidaient de leurs ailes, ils ne marcheraient guère plus vite qu'une tortue.

Ces jambes, qui rendent les manchots incapables de vivre sur la terre, conviennent admirablement à leur résidence dans l'eau. Placées en arrière du corps, elles le poussent en avant avec une promptitude extraordinaire ; et ces oiseaux, ainsi que les canots indiens, sont les plus rapides sur l'eau, parce que leurs rames sont par derrière.

Ces oiseaux plongent aussi-bien qu'ils nagent: leur conformation interne les rend capables de demeurer long-temps sous l'eau; leurs poumons sont remplis de cavités, au moyen desquelles ils peuvent prendre une longue aspiration. Aussi ces oiseaux, qu'on prend si facilement sur la terre, puisqu'ils sont sans défense, sont-ils imprenables sous l'eau. Aussitôt qu'ils s'aperçoivent qu'on les poursuit, ils plongent et nagent entre deux eaux, ne laissant voir que leur bec jusqu'à ce que leur ennemi soit éloigné.

Comme ces oiseaux ne visitent la terre que pour y venir couver, leurs plumes prennent la couleur du séjour qu'ils habitent. La partie de leur corps qui est continuellement baignée dans l'eau, est blanche, tandis que leur dos et leurs ailes sont de différentes couleurs, qui varient avec les espèces. Ils sont aussi couverts d'un duvet beaucoup plus chaud que celui d'aucun autre oiseau; mais le peu de temps qu'ils passent parmi nous pour y remplir les devoirs nécessaires à la propagation de l'espèce, ne suffit pas pour qu'on soit entièrement instruit sur tout ce qui les concerne.

Les manchots pondent généralement leurs œufs dans des creux, sur la terre : en d'autres pays, cependant, ils nichent d'une manière différente ; ce que plusieurs naturalistes attribuent aux précautions qu'ils ont été obligés de prendre contre les attentats de l'homme ou des quadrupèdes.

Dans quelques endroits, au lieu de se contenter d'enlever la superficie de la terre, on voit le manchot creuser à deux ou trois pieds de profondeur; ailleurs il grimpe sur le bord d'un rocher, y pond ses œufs, qu'il couve dans cette situation froide exposée au vent; on peu d'autant plus facilement croire qu'il n'a pris ces précautions que d'après une fâcheuse expériencc, que cet oiseau n'est pas formé par la nature pour creuser ou pour grimper, et que dans les pays où il a peu de visites de l'homme à redouter, il fait son nid avec la plus confiante sécurité, au milieu d'une grande plaine où on peut en voir des milliers : là, sans défense, ces oiseaux couvent tranquillement, sans attendre ni craindre aucun ennemi, et même lorsque l'homme vient parmi eux, ils ne paraissent pas songer au mal qu'ils en peuvent recevoir.

« Il n'est pas certain, dit un écrivain judicieux, que les manchots n'aient jamais redouté un ennemi humain : mais n'ayant appris à se défendre que du vautour ou du renard, ils n'avaient aucune idée d'une créature si différente de leurs adversaires ordinaires. Ils se laissèrent frapper la tête par les premiers marins qui les virent, sans songer à s'échapper : des troupes entières furent détruites, sans qu'aucun fît le moindre mouvement pour fuir ce danger. Les femelles étaient tellement attachées à leur nid, qu'elles ne le quittaient point, et qu'on pouvait les prendre ainsi que leurs œufs, sans qu'elles fissent la moindre résistance : mais quelques-unes de ces visites destructives ont enseigné à ces oiseaux à se mettre sur leurs gardes, et à choisir des retraites mieux défendues. »

Le manchot ne pond qu'un œuf et sur les rivages fréquentés; il se forme une demeure souterraine comme le lapin : quelquefois trois ou quatre s'emparent d'un trou, et y élèvent ensemble leurs petits. Linnée assure que dans les creux des rochers, où la nature leur a préparé une retraite, on voit souvent plusieurs de ces oiseaux ensemble; les femelles pondent leurs œufs dans un nid commun et couvent tour à tour, tandis que l'une d'elles, placée en sentinelle, veille à ce qu'aucun ennemi ne les approche. L'œuf du manchot est très-gros en comparaison de la taille de l'oiseau, puisqu'il surpasse souvent en grosseur celui de l'oie : mais les différentes espèces de manchots variant en grosseur, depuis la taille du canard de Moscovie jusqu'à celle du cygne, les œufs suivent la même proportion.

On ne connaît encore, jusqu'à présent, que neuf espèces de manchots : celle qu'on appelle communément le manchot patagon, est la plus grande de toutes. Quelques individus pèsent au moins quarante livres, et ont quatre pieds trois ou quatre pouces de longueur; le bec est faible et a quatre pouces et demi de long; la tête, la gorge et le derrière du cou sont bruns, le dos est cendré foncé, et tout le dessous du corps blanc. Le manchot le plus connu n'est pas plus gros qu'une oie commune; il a le dessus du corps noir et le dessous blanc.

———

LE MANCHOT MAGELLANIQUE.

Cet oiseau est le plus singulier et le plus remarquable de la tribu des manchots : sa taille approche de celle de l'oie privée ; ses ailes ne peuvent lui servir pour voler ; elles sont extrêmement courtes, couvertes de petites plumes roides, et pendent toujours ouvertes à ses côtés ; les plumes de la tête, du dos et du croupion sont roides et noires, tandis que celles de la poitrine et du ventre sont d'un blanc de neige, à l'exception d'une petite ligne noire qui paraît sur le jabot ; le bec, dont la base est sillonnée jusqu'à la moitié, est noir, et traversé vers le bout d'une raie jaune.

Lorsque ces oiseaux sont debout ou qu'ils marchent, ils se tiennent le corps droit, la tête haute, et leurs ailerons pendent négligemment de chaque côté, comme de petits bras. Ces particularités, jointes à ce qu'ils ont le ventre blanc, ont fourni au chevalier Narboroug l'idée bizarre de les comparer à des enfans qui se tiennent debout, et qui portent des tabliers blancs : on a dit aussi que les manchots possédaient les qualités de l'homme, des oiseaux et des poissons : ils se tiennent droits comme l'homme ; ils sont couverts de plumes comme les oiseaux, et leurs ailes, semblables à des nageoires de poisson, leur servent à fendre l'eau et à plonger plutôt qu'à voler.

Ils se nourrissent de poissons, ne viennent que très-rarement sur le rivage, et seulement dans la saison de la ponte. Comme les mers de la partie du monde qu'ils habitent fournissent une variété infinie de poissons, il est rare qu'ils manquent de nourriture ; et d'ailleurs, la graisse excessive de leur chair prouve l'abondance dans laquelle ils vivent : ils plongent avec une étonnante rapidité, et sont extrêmement voraces. Clusius en a décrit un qui, quoique très-jeune, avalait d'un seul morceau un hareng tout entier, et souvent trois successivement, sans paraître rassasié. En conséquence de cet appétit glouton, leur chair est dure et d'un goût détestable, quoique les marins Anglais disent *que c'est un très-agréable manger*. Quelques-uns ont la peau si dure et les plumes si épaisses, qu'ils peuvent recevoir un coup de sabre sans en être blessés.

Ces oiseaux vivent en société, surtout lorsqu'ils viennent sur le rivage; on les voit alors rangés en file sur le bord d'un rocher avec les albatros, comme s'ils tenaient conseil ensemble : ces réunions ont lieu avant la ponte, qui commence au mois de novembre : ils ne font point de nid, et se contentent de gratter la superficie de la terre pour former un petit creux où ils déposent leurs œufs. La chaleur de leurs plumes et de leur corps est si grande, que les progrès de l'incubation sont extrêmement rapides. Leurs œufs sont blancs, ils n'en font que deux à chaque ponte, et défendent courageusement leur nichée.

LE MANCHOT HUPPÉ ou SAUTEUR.

Cet oiseau est le plus beau de la race des manchots : il a près de deux pieds de longueur ; le bec rouge a trois pouces de long ; la mandibule supérieure est courbée à la pointe, et celle de la mandibule inférieure est tronquée : la tête, le cou, le dos et les côtés sont noirs ; de chaque côté de l'œil passe une ligne d'un blanc teint de jaune, qui se dilate et s'épanouit en arrière, en deux petites touffes de filets hérissés, lesquels se relèvent sur les deux côtés de la tête : les plumes du sommet de la tête, plus longues que les autres, se tiennent droites et forment une huppe ; les ailes sont noires en dessus, mais le bord est blanc ainsi que le dessous ; les jambes sont de couleur orange, et les ongles bruns : la femelle n'a point de huppe. Ces oiseaux ont reçu le nom de manchots sauteurs, parce qu'en effet ils ne se transportent que par sauts et par bonds : ils habitent plusieurs îles de la mer du Sud.

Cette espèce a dans sa contenance plus de vivacité que les autres ; cependant c'est un oiseau très-stupide, et qui prend si peu de soin de sa conservation, qu'il se laisse approcher facilement :

lorsqu'il est irrité, il relève sa huppe avec grâce.
On dit que si des voyageurs attaquent ces manchots, ils se réunissent en troupes, courent hardiment sur eux et leur mordent les jambes et les
habits.

Ils ont la vie extrêmement dure. M. Forster, en
ayant laissé un grand nombre sur la terre, qui
paraissaient morts des coups qu'ils avaient reçus,
fut tout étonné de les voir se relever et marcher
gravement derrière lui.

Leur sommeil est très-profond, car le docteur
Sparrman, étant tombé par hasard sur un de ces
oiseaux qui était endormi, le roula l'espace de
plusieurs pieds sans l'éveiller, et on ne put le tirer
de cet assoupissement qu'en le secouant fortement
à plusieurs reprises. Les manchots huppés forment
leur nid avec les oiseaux de l'espèce du pélican, et
vivent avec eux en assez bonne intelligence : la
femelle ne pond ordinairement qu'un œuf; leurs
nids ne sont que de petits creux dans la terre,
qu'ils forment facilement avec leur bec et leurs
pieds : on en trouve souvent un grand nombre sur
les rivages où ils vont couver.

Penrose, dans son récit de l'expédition aux îles
Falkland, en 1772, parle d'une espèce de manchots qui habitent en grand nombre certains lieux
de ces îles et y pondent leurs œufs. Ces sites,

dit-il, sont devenus, par une longue résidence, entièrement dépouillés d'herbe, et on leur a donné le nom de villes. Les nids sont composés de terre, élevés en monticules d'un pied de hauteur, et serrés les uns contre les autres. « Là, ajoute-t-il, pendant la saison de l'incubation, nous eûmes le spectacle imposant et terrible des îles inhabitées par les hommes. Un silence général règne dans ces villes, et chaque fois que nous y venions pour dérober des œufs, dont nous faisions une partie de notre nourriture, nous ne pouvions nous défendre de jeter nos regards de tous côtés avec une sorte de terreur.

« Les œufs sont au nombre de deux, un peu plus gros que ceux de l'oie. Nous en prenions souvent jusqu'à deux fois dans la saison, et les oiseaux en replaçaient d'autres ; mais la prudence nous interdit d'en prendre davantage, de peur de nuir à la propagation de l'espèce. »

Il y a aussi dans la Nouvelle-Zélande une espèce de manchot, de la grosseur d'une sarcelle ; et dans presque toutes les parties de la mer du Sud, on trouve différentes espèces d'oiseaux de ce genre en grande abondance.

———

~~~~~~

CHAPITRE IX.

LE PÉLICAN.

Ces oiseaux vivent en société, et sont généralement connus pour leur extrême voracité. Le
pélican blanc (qui est l'espèce la plus remarquable) , est beaucoup plus gros que le cygne.
Le plumage est entièrement blanc, légèrement
teint de rouge pâle , à l'exception de quelques
plumes des ailes qui sont noirs ; les plumes du
cou ne sont qu'un duvet court, celles de la nuque,
plus allongées , forment une espèce de crète ou
de petite huppe ; la tête est aplatie par les côtés ;
les yeux sont petits et placés dans deux larges
joues nues ; le bec a environ seize pouces de long ;
ses couleurs sont du jaune et du rouge pâle sur un
fond gris , avec des traits de rouge vif sur le milieu
et vers l'extrémité ; ce bec est aplati en dessus
comme une large lame relevée d'une arrête sur sa
~~~~~~

longueur, et se terminant par une pointe en croc;
le dedans de cette lame, qui fait la mandibule
supérieure, présente cinq nervures saillantes, dont
les deux extérieures forment des bords tranchans;
la mandibule inférieure ne consiste qu'en deux
branches flexibles qui se prêtent à l'extension d'une
poche membraneuse qui leur est attachée, et qui
pend au - dessous comme un sac en forme de
nasse; cette poche peut contenir plus de vingt
pintes de liquide; la langue est si petite, qu'on a
peine à la distinguer; les jambes sont couleur de
plomb, et les ongles gris.

Le sac attaché à la mandibule inférieure du bec
du pélican est une des constructions les plus
singulières qu'on puisse trouver dans aucun animal. Quoique sa dimension paraisse petite, lorsqu'il est vide et que les peaux qui le forment
se sont resserrées en se plissant, il est susceptible
de s'élargir extraordinairement, et la quantité de
poissons que l'oiseau y fait tenir est incroyable.
Cette poche est, dit-on, assez grande pour que
la tête d'un homme y entre facilement. On assure
même que la jambe d'un homme pourrait y être
entièrement cachée. On se sert de ces poches de
pélican comme de vessies pour enfermer le tabac
à fumer; on prétend que ces peaux préparées sont
plus belles et plus douces que des peaux d'agneaux;

quelques marins s'en font des bonnets ; les Siamois en filent des cordes d'instrumens, et les pêcheurs du Nil se servent du sac, encore attaché à la mâchoire, pour en faire des vases propres à rejeter l'eau de leur bateaux, ou pour en contenir et garder; car cette peau ne se pénètre ni ne se corrompt par son séjour dans l'eau.

Les anciens, toujours passionnés pour le merveilleux, frappés peut-être de la figure extraordinaire du pélican, le représentaient comme l'emblème le plus touchant de la tendresse paternelle, se déchirant le sein pour nourrir de son sang sa famille languissante ; mais cette fable, que les Égyptiens racontaient déjà du vautour, ne devait pas s'appliquer au pélican, qui vit dans l'abondance, et auquel la nature a donné de plus qu'aux autres oiseaux pêcheurs, une grande poche dans laquelle il porte et met en réserve l'ample provision du produit de sa pêche.

Le père Labat, qui paraît avoir étudié les mœurs de cet oiseau avec une grande attention, donne le détail suivant de la manière dont il vit en Amérique, où il a été trouvé :

« Le pélican, dit-il, a de fortes ailes, couvertes de plumes épaisses et d'une couleur cendrée ainsi que celles de tout le corps ; ses yeux sont très-petits, en comparaison de la grosseur de sa tête ; son air et son maintien sont mélancoliques. Il est aussi insolent dans ses mouvemens, que le flammant est vif et animé. Il a de la peine à prendre son essor, et vole avec difficulté ; la paresse de cet oiseau est si grande, que la faim peut seule l'engager à changer de place.

« Les pélicans prennent, pour pêcher, les heures du matin et du soir, où le poisson est le plus en mouvement, et choisissent les lieux où il abonde le plus. On les voit s'élever à trente ou quarante pieds au-dessus de la mer, s'y balancer jusqu'à ce qu'ayant aperçu un poisson, ils tombent d'à-plomb sur leur proie, qui ne peut échapper, car la violence du choc, et la grande étendue des ailes, qui frappent et couvrent la surface de l'eau, la font bouillonner, tournoyer, et étourdissent en même temps le poisson, qui dès-lors ne peut fuir ; ensuite, se relevant avec effort pour retomber de nouveau, ils continuent ce manège jusqu'à ce que leur large besace soit entièrement remplie, et vont alors manger et digérer à l'aise sur quelques pointes de rochers. Il paraît néanmoins que leur digestion n'est pas lente, puisqu'ils font ordinairement deux pêches par jour. Le soir, ils s'éloignent un peu du rivage, et se perchent sur les arbres pour y passer la nuit, malgré leur pesanteur, et leurs pieds larges et palmés comme ceux de l'oie. Ils demeurent toute la journée immobiles, comme dans un état d'assoupissement, dont ils ne sortent que lorsque la faim les excite à changer de position. Leur tête est presque toujours penchée négligemment sur leur poitrine. On peut dire que leur vie est partagée entre le sommeil et leurs repas. »

Le pélican pêche en eau douce comme en mer, et dès-lors on ne doit pas être surpris de le trouver sur les grandes rivières ; mais il est singulier qu'il ne s'en tienne pas aux terres basses et humides, arrosées par de grandes rivières, et qu'il fréquente aussi les pays les plus secs, comme l'Arabie et la Perse, où il est connu sous le nom de porteur d'eau, *tacab :* on a observé que, comme il est obligé d'éloigner son nid des eaux trop fréquentées par les caravanes, il porte de très-loin de l'eau douce dans son sac à ses petits ; les bons musulmans disent très-religieusement que Dieu a ordonné à cet oiseau de fréquenter les déserts, pour abreuver au besoin les pélerins qui vont à la Mecque, comme autrefois il envoya le corbeau qui nourrit Elie dans la solitude : aussi les Egyptiens, en faisant allusion à la manière dont ce grand oiseau garde de l'eau dans sa poche, l'ont surnommé *le chameau de la rivière.*

« Les pélicans, dit un auteur, conservent leur indolence naturelle, même dans le temps de l'incubation et lorsqu'il s'agit de défendre leurs petits. La femelle ne fait point de nid, et pond ses œufs (au nombre de cinq ou six) sur la terre, sans paraître avoir fait choix d'un lieu préférablement à un autre : elle les couve sans songer à les défendre, car elle souffre qu'on les lui prenne tandis qu'elle est dessus. »

Cependant, d'après l'anecdote suivante, ces oiseaux ne paraîtraient pas entièrement dépourvus d'un sentiment naturel de tendresse envers leurs propres petits, ou d'autres de la même espèce. Claviger, dans son Histoire du Mexique, raconte que plusieurs Américains, dans le dessein de se procurer du poisson sans se donner la peine de le pêcher, eurent la cruauté de casser une aile à un jeune pélican, et après avoir attaché l'oiseau à un arbre, se cachèrent à une petite distance. Les cris de la malheureuse victime ayant attiré quelques pélicans dans cet endroit, ils se déchargèrent d'une partie des provisions renfermées dans leur poche, pour nourrir leur infortuné compagnon ; les hommes étant accourus sur-le-champ, en laissèrent une petite quantité pour l'oiseau malade, et emportèrent le reste.

La femelle nourrit ses petits avec du poisson ,
après l'avoir laissé macérer quelque temps dans sa
poche. Le père Labat ayant pris deux jeunes pélicans, les attacha par les pieds à un piquet plan-
té dans la terre. « J'eus le plaisir , dit-il , pendant plusieurs jours , de voir que leur mère qui les
nourrissait, et qui demeurait tout le jour avec
eux , passait la nuit sur une branche au-dessus
de leur tête ; ils étaient devenus tous les trois si
familiers, qu'ils souffraient que je les touchasse ,
et les jeunes prenaient les petits poissons que je
leur présentais, qu'ils mettaient d'abord dans leur
sac , et qu'ils avalaient ensuite à loisir. Je crois
que je me serais déterminé à les emporter , si
leur malpropreté ne m'en avait empêché ; ils sont
plus sales que les oies et les canards, et on peut
dire , que toute leur vie est partagée en trois
temps , chercher leur nourriture , dormir, et faire
à tous momens des tas d'ordures larges comme
la main. »

Ce gros oiseau paraît susceptible de quelque
éducation. Labat raconte que des sauvages avaient
dressé un pélican qu'ils envoyaient le matin à la
pêche , et qui revenait le soir le sac plein de
poissons qu'ils lui faisaient dégorger : de même ,
lorsque cet oiseau veut donner à manger à ses
petits , il retire de ce sac les poissons qu'il tient

en réserve, et il les coupe en morceaux ; alors le sang de ces poissons se répand sur son estomac, c'est cet acte très-naturel qui peut avoir donné lieu à la fable si généralement répandue, que le pélican s'ouvre la poitrine pour nourrir ses petits de son sang.

Raczynski parle d'un pélican nourri pendant quarante ans à la cour du duc de Bavière, qui se plaisait beaucoup en compagnie, et paraissait prendre un plaisir singulier à entendre de la musique. M. de Saint-Pierre a vu un pélican de la plus grande taille, qui jouait familièrement avec un gros chien, et s'amusait à lui prendre la tête et à la cacher dans son énorme poche. Gessner raconte l'histoire fameuse de ce pélican qui suivait l'empereur Maximilien, volant sur l'armée quand elle était en marche, et s'élevant quelquefois si haut, qu'il ne paraissait plus que comme une hirondelle, quoiqu'il eût quinze pieds d'un bout des ailes à l'autre. Cette grande puissance de vol serait néanmoins étonnante dans un oiseau qui pèse vingt-quatre ou vingt-cinq livres, si elle n'était merveilleusement secondée par la grande quantité d'air dont son corps se gonfle, et aussi par la légèreté de sa charpente ; tout son squelette ne pèse pas une livre et demie, les os en sont si minces qu'ils ont de la transparence, et Aldrovande prétend qu'ils sont sans moëlle. C'est sans doute à la nature de ces parties solides, qui ne s'ossifient que tard, que le pélican doit sa très-longue vie; l'on a même observé qu'en captivité il vivait plus long-temps que la plupart des autres oiseaux. Turner parle d'un pélican privé qui vécut cinquante ans. On conserva pendant quatre-vingts ans celui de Maximilien, et dans sa vieillesse il était nourri, par ordre de l'empereur, à quatre écus par jour.

D'un grand nombre de pélicans nourris à la ménagerie de Versailles, aucun n'est mort pendant l'espace de douze ans, durant lequel temps, de toutes les espèces gardées à la ménagerie, il n'en est aucune dont il ne soit mort quelque animal.

Cet oiseau, aussi vorace que grand déprédateur, engloutit dans une seule pêche autant de poissons qu'il en faudrait pour le repas de six hommes. Il avale aisément un poisson de sept ou huit livres; on assure qu'il mange aussi des rats et d'autres petits animaux. Pison dit avoir vu avaler un petit chat vivant par un pélican si familier, qu'il venait au marché, où les pêcheurs se hâtaient de lui lier son sac, sans quoi il leur enlevait subtilement quelques pièces de poisson.

« Il semble, dit M. de Buffon, que la nature ait pourvu, par une attention singulière, à ce que le

pélican ne fût point suffoqué quand, pour englou-
tir sa proie, il ouvre à l'eau sa poche tout entière ;
la trachée-artère, quittant alors les vertèbres du
cou, se jette en devant, et s'attachant sur cette
poche, y cause un gonflement très-sensible ; en
même temps deux muscles en sphincter resserrent
l'œsophage de manière à fermer toute entrée à
l'eau. Au fond de cette même poche est cachée
une langue si courte, qu'on a cru que l'oiseau
n'en avait point. Les narines sont aussi presque
invisibles et placées à la racine du bec ; le cœur est
très-grand, la rate très-petite ; les cœcums également petits et bien moindres à proportion que
dans l'oie, le canard et le cygne. » Enfin, Aldrovande assure que le pélican n'a que douze côtes ;
et il observe qu'une forte membrane, fournie de
muscles épais, recouvre les bras des ailes.

Mais une observation très-intéressante, est celle
de M. Méry et du père Tachard, sur l'air répandu
sous la peau du corps entier du pélican : on peut
même dire que cette observation est un fait général qui s'est manifesté d'une manière plus évidente
dans le pélican, mais qui peut se recounaître dans
tous les oiseaux, et que M. Lorry, célèbre et sa-
vant médecin de Paris, a démontré par la com-
munication de l'air jusque dans les os et les tuyaux
des plumes des oiseaux. Dans le pélican, l'air passe

de la poitrine dans les sinus auxillaires, d'où il s'insinue dans les vésicules d'une membrane cellulaire épaisse et gonflée, qui recouvre les muscles, et enveloppe tout le corps sous la membrane où les plumes s'implantent ; ces vésicules en sont enflées au point qu'en pressant le corps de cet oiseau, on voit une quantité d'air fuir de tous côtés sous les doigts. C'est dans l'expiration que l'air, comprimé dans la poitrine, passe dans les sinus, et de-là se répand dans toutes les vésicules du tissu cellulaire ; on peut même, en soufflant dans la trachée artère, rendre sensible à l'œil cette route de l'air, et l'on conçoit dès-lors combien le pélican peut augmenter par là son volume sans prendre plus de poids, et combien le vol de ce grand oiseau doit en être facilité.

Cet oiseau doit être un excellent nageur ; il est parfaitement *palmipède*, ayant les quatre doigts réunis par une seule pièce de membrane ; cette peau et les pieds sont rouges ou jaunes, suivant l'âge. Il paraît aussi que c'est avec l'âge qu'il prend cette belle teinte de couleur rose tendre et comme transparente, qui semblent donner à son plumage le lustre d'un vernis.

Les pélicans se réunissent quelquefois aux cormorans pour pêcher, et ils emploient une méthode singulière : ils se forment en cercle ; les pélicans étendent leurs larges ailes au-dessus de la surface de l'eau, tandis que les cormorans plongent au-dessous : resserrant peu à peu ce cercle, ils y renferment facilement le poisson qu'ils conduisent ainsi jusqu'au rivage, où ils s'en emparent et en remplissent leur poche : ils sont souvent suivis, dans ces expéditions, de plusieurs espèces de goëlands qui partagent avec eux une partie de leur capture.

Ces oiseaux paraissent appartenir spécialement aux climats plus chauds que froids. Il y a deux variétés du pélican : le pélican brun et le pélican à bec dentelé. L'abbé Molina, qui a rencontré le pélican à bec dentelé, au Chili, assure que le bec de cet oiseau est constamment découpé en scie, sur ses bords, et ce caractère est suffisant pour le distinguer du pélican commun. Il porte au Chili le nom de *thage*; il est solitaire et paresseux ; il se tient sur les rochers entourés des eaux de la mer, et il y place son nid dans lequel la femelle pond cinq œufs ; la poche membraneuse de cet oiseau, lorsqu'elle est apprêtée, sert aux habitans de bourse à tabac et même de lanterne; les plumes de ses ailes sont préférées, pour l'écriture, à celles de l'oie.

Dans le recueil des *animaux célèbres*, publié en 1813, il est dit : « On voit présentement, à

» Paris, sur le boulevard du Temple, un pélican
» apprivoisé qui est très-doux et très-familier avec
» tout le monde; il fait le tour du cercle, et il
» bat des ailes au commandement de son maître,
» pour saluer la compagnie. Il est très-plaisant de
» le voir se disputer avec un gros singe, son com-
» pagnon, pour avoir le poisson qui sert à sa
» nourriture. »

L'ALBATROS.

Cet oiseau est le plus gros et le plus formidable
de tous les oiseaux d'Afrique et d'Amérique. On
lui a donné le nom de *mouton du Cap*, parce
qu'en effet il est presque de la grosseur d'un mouton; le fond de son plumage est d'un blanc-gris,
brun sur le manteau, avec de petites hachures
noires au dos et sur les ailes, où ces hachures s'é-
paississent en mouchetures; une partie des grandes pennes de l'aile et l'extrêmité de la queue sont
noires; la tête est grosse et de forme arrondie; le
bec est d'une structure semblable à celui du bec
de la frégate, du fou et du cormoran; il est de
même composé de plusieurs pièces qui semblent

articulées et jointes par des sutures, avec un croc surajouté, et le bout de la partie inférieure ouvert en gouttière et tronqué. Ce que ce bec, très-grand et très-fort, a encore de remarquable, et en quoi il se rapproche de celui des pétrels, c'est que les narines en sont ouvertes en forme de petits rouleaux ou étuis, couchés, vers la racine du bec, dans une rainure qui, de chaque côté, le sillonne dans toute sa longueur ; il est d'un blanc jaunâtre, du moins dans l'oiseau mort ; les pieds, qui sont épais et robustes, ne portent que trois doigts engagés par une large membrane, qui borde encore le dehors de chaque doigt externe ; la couleur des pieds est un brun rougeâtre ; celle de la membrane des doigts est brune ; la longueur du corps est de près de trois pieds, et l'envergure au moins de dix ; les ailes sont très-longues et très-étroites ; les neuf pennes qui suivent la première, diminuent brusquement, et les plus rapprochées dépassent à peine leurs couvertures ; les tiges des premières pennes sont jaunes, mais celles des petites pennes n'ont cette couleur qu'à leur extrémité ; la langue est courte, mais pas autant que quelques naturalistes l'ont supposé ; cette langue, bien formée, a la moitié de la longueur du bec. On dit que la voix de l'albatros ressemble à celle de l'âne.

Ces oiseaux habitent les climats du tropique, et on les voit aussi par-delà le détroit de Magellan, dans la mer du Sud ; ils se nourrissent de poissons et des petits oiseaux aquatiques qu'ils peuvent prendre par surprise. « Ces oiseaux, dit un voyageur, sont excessivement voraces ; on les voit se rassembler à l'embouchure des fleuves, pour y attendre les saumons qui s'y présentent. Ils avalent tout entiers des poissons assez gros , et même de plus de quatre livres : ils les dévorent avec tant de gloutonnerie, que souvent un de ces poissons reste en dehors du bec, jusqu'à ce que la partie avalée, dissoute par la digestion , leur permette de faire passer l'autre dans leur large gosier, et ils se gorgent tellement de nourriture, qu'ils ne peuvent plus voler ni fuir à l'approche des barques qui les poursuivent, ni aux coups des traits qui les frappent ; leur unique ressource , dans ce danger, est de rejeter les alimens dont leur estomac est surchargé, ce qu'ils font avec de grands efforts. Les Kamtschadales tirent avantage de cet appétit excessif des albatros, pour les prendre avec des hameçons grossiers auxquels des poissons sont attachés : mais ce n'est pas pour la chair de ces oiseaux que les Kamtschadales leur font la chasse ou plutôt la pêche, ce n'est que, pressés par la faim, qu'ils se décident à en manger ; elle est en effet dure et de mauvais goût ; mais ils font avec les os de l'aile des tuyaux de pipes, des étuis et des espèces de peignes à carder un gramen qui leur tient lieu de lin. »

« Les albatros, dit Wicquefort, excepté le temps où ils couvent, ne viennent jamais sur la terre ; ils vivent presque entièrement dans l'air ; la nuit, lorsqu'ils se sentent pressés par le sommeil, ils s'élèvent dans les nuages, le plus haut qu'il leur est possible, et cachant leur tête sous une aile, ils battent l'air avec l'autre : cependant, au bout de quelque temps, le poids de leurs corps à demi supporté, les entraîne en bas, et on les voit descendre d'un mouvement rapide sur la surface de la mer : ils font alors leurs efforts pour s'élever de nouveau, et passent ainsi la nuit à monter et descendre alternativement : il leur arrive pourtant quelquefois de perdre l'équilibre et de tomber sur les vaisseaux, où on les prend facilement. »

Que ce récit soit faux ou vrai, il est certain que peu d'oiseaux volent avec autant de facilité que les albatros, et se soutiennent aussi long-temps dans l'air ; ils ne paraissent jamais fatigués, mais ils sont toujours affamés et extrêmement maigres, malgré l'abondance dans laquelle ils vivent.

Quoique cet oiseau soit d'un naturel vorace et tyrannique, il s'associe, soit par caprice, soit par nécessité, à d'autres oiseaux aussi tyrans que lui.

L'albatros semble avoir une affection particulière pour le manchot, et se plaire dans sa société : ils choisissent les mêmes lieux pour couver, et confondent ensemble leurs nids, comme pour se secourir et se protéger mutuellement. Le capitaine Hunt, qui a commandé pendant quelque temps dans les îles Falkland, dit qu'il fut émerveillé de l'union qui règne entre ces oiseaux, et de la régularité avec laquelle ils bâtissent leurs nids. On en voit des milliers qui couvrent les champs, et ils ressemblent à une plantation régulière : ceux de l'albatros s'élèvent au milieu, à deux pieds au-dessus de la terre, et sont entourés de ceux du manchot, qui ne sont que des trous grossièrement creusés dans la terre. Mais ces établissemens paisibles sont entièrement détruits maintenant ; l'albatros et le manchot se retirent sur les rivages les plus déserts, pour y couver en sécurité, en évitant le voisinage de l'homme ; ce qui prouve la justesse de l'observation de M. de Buffon, qui dit que la présence de l'homme détruit non-seulement toute association entre les animaux, mais qu'elle change aussi leur instinct.

La manière de voler des albatros est singulière : on n'aperçoit le battement de leurs ailes qu'au

moment où ils prennent leur vol, et fort souvent
ils emploient en même temps leurs pieds qui,
étant palmés, leur servent à frapper l'eau pour
s'élever. Cette impulsion une fois donné, ils
n'ont plus besoin de battre des ailes; ils les
tiennent développées, et cherchent leur proie en
se balançant alternativement de droite à gauche,
et en rasant d'un vol rapide la surface de la mer:
ce balancement sert sans doute à accélérer leur
marche; mais il ne semble pas devoir suffire pour
les retenir dans l'air: peut-être un trémoussement
imperceptible de leurs plumes est-il la cause
principale de ce vol extraordinaire. Dans cette
supposition, il faudrait qu'ils eussent des muscles
particuliers; c'est pourquoi l'anatomie de ces oiseaux mérite la plus grande attention.

L'OISEAU DU TROPIQUE ou LE PAILLE-EN-QUEUE.

Cet oiseau semble attaché au char du soleil sous
la zône brûlante que bornent les tropiques. Volant sans cesse sous le ciel enflammé, sans s'écar-

ter des deux limites extrêmes de la route du grand astre; il annonce aux navigateurs leur prochain passage sous ces lignes célestes : aussi tous lui ont donné le nom d'*oiseau du tropique*, parce que son apparition indique l'entrée de la zône torride, soit qu'on arrive par le côté du nord ou par celui du sud, dans toutes les mers du monde que cet oiseau fréquente également.

Indépendamment d'un vol puissant et très-rapide, ces oiseaux ont, pour exécuter avec moins de peine leurs longs voyages, la faculté de se reposer sur l'eau, et d'y trouver un point d'appui au moyen de leurs larges pieds entièrement palmés, et dont les doigts sont engagés par une membrane, comme ceux des cormorans, des fous, et des frégates auxquelles le paille-en-queue ressemble par ce caractère, et aussi par l'habitude de se percher sur les arbres. Cependant il a beaucoup plus de rapport avec les hirondelles de mer qu'avec aucun de ces oiseaux; il leur ressemble par la longueur des ailes, qui se croisent sur la queue lorsqu'il est en repos; il leur ressemble encore par la forme du bec, qui néanmoins est plus fort, plus épais, et légèrement dentelé sur les bords.

Sa grosseur est à peu près celle d'un pigeon commun. Le beau blanc de son plumage suffirait pour le faire remarquer, mais son caractère le plus frappant est un double brin qui ne paraît que comme une paille implantée à sa queue, ce qui lui a fait donner le nom de *paille-en-queue :* ce double brin est composé de deux filets, formés chacun d'une côte de plume presque nue, et seulement garnie de petites barbes très-courtes ; ce sont des prolongemens de deux pennes du milieu de la queue, qui du reste est très-courte et presque nulle ; ces brins ont jusqu'à vingt-deux ou vingt-quatre pouces de longueur ; souvent l'un des deux est plus long que l'autre, et quelquefois il n'y en a qu'un seul, ce qui tient à quelque accident ou à la saison de la mue, car ces oiseaux les perdent dans ce temps, et c'est alors que les habitans d'O-Taïti et des autres villes voisines ramassent ces longues plumes dans leurs bois, où ces oiseaux viennent se reposer pendant la nuit. Ces insulaires en forment des touffes et des panaches pour leurs guerriers. Les Caraïbes des îles de l'Amérique se passent ces longs brins dans la cloison du nez pour se rendre plus beaux ou plus terribles.

On conçoit aisément qu'un oiseau d'un vol aussi haut, aussi libre, aussi vaste, ne peut s'accommoder de la captivité. D'ailleurs, ses jambes, courtes, et placées en arrière, le rendent aussi pesant, aussi peu agile à terre qu'il est leste et léger dans les airs. On a vu quelquefois ces oiseaux, fatigués ou déroutés par les tempêtes, venir se poser sur le mât des vaisseaux, et se laisser prendre à la main. Le voyageur Leguat parle d'une plaisante guerre entre eux et les matelots de son équipage, dont ils enlevaient les bonnets. « Ces oiseaux, dit-il, nous firent une guerre singulière. Ils nous surprenaient par-derrière, et nous enlevaient nos bonnets de dessus la tête, et cela était si fréquent et si importun, que nous étions obligés d'avoir toujours des bâtons pour nous défendre d'eux. Nous les prévenions quelquefois, lorsque nous apercevions devant nous leur ombre, au moment où ils étaient prêts à faire leur coup. Nous n'avons jamais pu savoir de quel usage leur pouvaient être des bonnets, ni ce qu'ils ont fait de ceux qu'ils ont attrapés. »

LA FRÉGATE.

Le meilleur voilier, le plus vite de nos vaisseaux, la frégate , a donné son nom à l'oiseau qui vole le plus rapidement et le plus constamment sur les mers : la frégate est, en effet, de tous ces naviga- teurs ailés, celui dont le vol est le plus fier, le plus puissant et le plus étendu. Balancé sur des ailes d'une prodigieuse longueur , se soutenant sans mouvement sensible , cet oiseau semble na- ger paisiblement dans l'air tranquille , pour atten- dre l'instant de fondre sur sa proie avec la rapi- dité d'un trait; et lorsque les airs sont agités par la tempête , légère comme le vent, la frégate s'élève jusqu'aux nues , et va chercher le calme en s'élançant au-dessus des orages : elle voyage en tous sens, en hauteur comme en étendue ; elle se porte au large à plusieurs centaines de lieues , et fournit tout d'un vol ces traites immenses ; la durée du jour n'y suffisant pas , elle continue sa route dans les ténèbres de la nuit , et ne s'arrête sur la mer que dans des lieux qui lui offrent une pâture abondante.

« Il n'y a point d'oiseau au monde, dit le père Labat, qui vole plus haut, plus long-temps, plus aisément, et qui s'éloigne plus de terre que celui-ci : on le trouve au milieu de la mer, à trois ou quatre cents lieues des terres ; ce qui marque en lui une force prodigieuse et une légèreté surprenante ; car il ne faut pas penser qu'il se repose sur l'eau comme les oiseaux aquatiques : il y périrait s'il y était une fois ; outre qu'il n'a pas les pieds disposés pour nager, ses ailes sont si grandes et ont besoin d'un si grand espace pour prendre le mouvement nécessaire pour s'élever, qu'il ne ferait que battre l'eau sans jamais pouvoir sortir de la mer, si une fois il s'y était abattu : d'où il faut conclure que, quand on le trouve à trois ou quatre cents lieues des terres, il faut qu'il fasse sept ou huit cents lieues avant de pouvoir se reposer. »

Ce n'est qu'entre les tropiques, ou un peu au-delà, que l'on rencontre la frégate dans les mers des Deux-Mondes ; elle exerce sur les oiseaux de la zône torride une espèce d'empire ; elle en force plusieurs, particulièrement les fous, à lui servir comme de pourvoyeurs ; les frappant d'un coup d'aile ou les pinçant de son bec crochu, elle leur fait dégorger le poisson qu'ils avaient avalé, et s'en saisit avant qu'il ne soit tombé. Ces hostilités lui ont fait donner par les navigateurs le surnom de *guerrier*, qu'elle mérite à plus d'un titre, car son audace la porte à braver l'homme même.

Cette témérité de la frégate tient autant à la force de ses armes et à la fierté de son vol qu'à sa voracité ; elle est en effet armée en guerre ; des serres perçantes ; un bec terminé par un croc très-aigu ; les pieds courts et robustes, recouverts de plumes, comme ceux des oiseaux de proie ; le vol rapide, et la vue perçante ; tous ces attributs semblent lui donner quelque rapport avec l'aigle, et en faire de même un tyran de l'air au-dessus des mers : mais du reste, la frégate, par sa conformation, tient beaucoup plus à l'élément de l'eau ; et, quoiqu'on ne la voie presque jamais nager, elle a cependant les quatre doigts engagés par une membrane échancrée ; et par cette union de tous les doigts, elle se rapproche du genre du cormoran, du fou, du pélican, que l'on doit regarder comme de parfaits palmipèdes ; d'ailleurs le bec de la frégate, très-propre à la proie, puisqu'il est terminé par une pointe perçante et recourbée, diffère néanmoins essentiellement du bec des oiseaux de proie terrestres, parce qu'il est très-long, un peu concave dans sa partie supérieure, et que le croc, placé tout à la pointe, semble faire une pièce détachée, comme dans le bec des fous, auquel celui de la frégate ressemble

par ses sutures, et par le défaut de narines apparentes.

La frégate est quelquefois aussi grosse que le
cygne : sa poitrine est charnue ; le plumage est
presque entièrement blanc ; le dos et les ailes sont
marqués de noir ; la queue est fourchue et d'une
couleur plombée ; le bec jaune pâle ; les yeux sont
grands, noirs et brillans, et environnés d'une
peau bleuâtre ; les jambes couleur de chair. Le
mâle est tout-à-fait noir ; il a sous la gorge une
grande membrane charnue, d'un rouge vif, plus
ou moins enflée ou pendante, et qui ne paraît que
lorsqu'il est adulte.

Ces oiseaux sont extrêmement voraces ; ils se
nourrissent de plusieurs espèces de poissons ; les
poissons volans, qui fuient par colonnes et s'élancent en l'air pour échapper aux bonites, aux do-
rades, qui les poursuivent, ne leur échappent
point. Aussitôt que la frégate aperçoit des poissons volans, dont elle est très-avide, elle descend à une très-petite distance de la surface de la
mer, et à portée de les saisir dès qu'ils s'élancent
hors de l'eau : tous ses mouvemens sont dirigés
avec une adresse admirable ; elle ne se précipite
pas la tête la première comme les oiseaux qui
vont chercher leur proie sous les eaux ; mais,
étendant ses pieds et son cou sur un plan hori-

zontal, elle frappe de ses ailes la colonne supérieure de l'air; puis, les relevant et les fixant l'une contre l'autre au-dessus de son dos, afin qu'elles n'opposent plus à l'air aucune résistance, elle fond sur sa proie, et la saisit un peu au-dessus de la superficie des flots. Comme le poisson volant ne s'élève pas beaucoup, la frégate serait exposée à se précipiter, si elle ne savait s'arrêter dans sa chute en abaissant ses ailes, pour se relever aussitôt et poursuivre une autre proie.

La voix de ces oiseaux ressemble beaucoup au braiement d'un âne; lorsqu'ils sont pris, ils s'irritent, et cherchent à frapper de leur bec. Dans l'Amérique méridionale, ils font leur nid à la fin du mois de septembre; ils le bâtissent sur la terre, et l'élèvent de deux ou trois pieds; leurs œufs sont aussi gros que ceux de l'oie, et le blanc a la propriété singulière de ne point se durcir par la cuisson.

Les Indiens estiment beaucoup les plumes des frégates, et s'en servent pour leurs flèches, parce qu'elles sont plus longues que celles d'aucun autre oiseau. Les naturels des îles de la mer du Sud attendent l'arrivée des frégates dans la saison des pluies, et lorsqu'ils en aperçoivent, ils lancent sur la mer un léger morceau de bois auquel est attaché un poisson : aussitôt qu'un des oiseaux s'en approche, un homme, muni d'un long bâton le frappe fortement sur la tête, et manque rarement de le saisir : cependant s'il ne réussit pas, il doit s'adresser à un autre oiseau, car le même ne se laisse pas attrapper deux fois. Les mâles sont plus estimés que les femelles, et quelquefois on donne en échange d'un seul de ces oiseaux un beau cochon bien gras.

L'huile ou la graisse de ces oiseaux est, dit-on, un remède souverain pour la goutte sciatique, et pour toutes les autres provenant de causes froides ; on en a fait cas dans toutes les Indes comme d'un médicament précieux : on doit la faire chauffer et en faire de fortes frictions sur la partie affligée, afin d'ouvrir les pores, et y mêler de bonne eau-de-vie ou de l'esprit-de-vin au moment qu'on en veut faire l'application.

Les Portugais ont donné à la frégate, le nom de *rabo forcado*, à cause de sa queue fourchue. La chair de cet oiseau est sèche et dure.

LE PLUVIER A COLLIER.

CET oiseau est petit et ne pèse pas plus de deux onces; il a la tête ronde et le bec fort court en comparaison des autres oiseaux aquatiques : ce bec est blanc ou jaune dans sa première moitié, noir à sa pointe; le front est blanc; il y a un bandeau noir sur le sommet de la tête, et une calotte grise la recouvre; cette calotte est bordée d'une bandelette noire qui prend sur le bec et passe sous les yeux; le collier est blanc, et la poitrine porte un plastron noir; le manteau est gris-brun; les pennes de l'aile sont noires; le dessous du corps est d'un beau blanc comme le front et le collier.

Cet oiseau fait son nid sur les rochers; il le compose d'herbes, de paille, etc. Ses œufs sont verdâtres, tachetés de brun. Il court très-vite sur les rivages, en interrompant sa course par de petits vols, et toujours en criant. Il est commun sur les côtes de l'Angleterre, où l'on dit qu'il se nourrit d'escarbots et de petits insectes. Dans quelques provinces de France on connaît ces oiseaux sous le nom de *gravières*, en d'autres sous celui de *criards*, qu'ils méritent bien par les cris importuns et conti-

nuels qu'ils font entendre pour peu qu'ils soient
inquiétés, et tant qu'ils nourrissent leurs petits,
ce qui est long; car ce n'est guère qu'au bout d'un
mois ou cinq semaines que les jeunes commencent
à voler.

Aristote, et d'autres auteurs anciens, prétendent
que la chair de cet oiseau est un excellent remède
contre la jaunisse; quelques-uns ont même assuré
qu'il suffisait de regarder l'oiseau pour guérir; en
conséquence, le marchand de ce remède cachait
soigneusement son oiseau, n'en vendant que la
vue, sur quoi les Grecs avaient fondé un proverbe
pour ceux qui tiennent cachée une chose précieuse
et utile, *charadrium imitans*.

LE CORMORAN.

Le nom cormoran se prononçait autrefois *cor-
marin*, et vient de corbeau marin ou *corbeau
de mer*; les Grecs appelaient ce même oiseau
corbeau chauve; cependant il n'a rien de commun
avec le corbeau que son plumage noir, qui même

diffère de celui du corbeau , en ce qu'il est duveté et d'un noir moins foncé.

Le cormoran est un assez grand oiseau à pieds palmés, aussi bon plongeur que nageur, et grand destructeur de poisson ; il est à peu près de la grandeur de l'oie, mais d'une taille moins fournie, plutôt mince qu'épaisse, et allongé par une grande queue plus étalée que ne l'est communément celle des oiseaux d'eau ; cette queue est composée de quatorze plumes roides, comme celles de la queue du pic ; elles sont, ainsi que presque tout le plumage , d'un noir lustré de vert ; le manteau est ondé de festons noirs sur un fond brun ; mais ces nuances varient dans différens individus ; tous ont deux taches blanches au côté extérieur des jambes, avec une gorgerette blanche qui ceint le haut du cou en mentonnière , et il y a des brins blancs , pareils à des soies, hérissés sur le haut du cou et le dessus de la tête , dont le devant et les côtés sont chauves ; une peau également nue garnit le dessous du bec qui est droit jusqu'à la pointe, où il se recourbe fortement en un croc très-aigu.

Cet oiseau est du petit nombre de ceux qui ont les quatre doigts assujétis et liés ensemble par une membrane d'une seule pièce , et dont le pied, muni de cette large rame , semblerait indiquer qu'il est très-grand nageur ; cependant il reste moins dans l'eau que plusieurs autres oiseaux aquatiques, dont la palme n'est ni assez continue, ni aussi élargie que la sienne ; il prend fréquemment son essor, et se perche sur les arbres. Aristote lui attribue cette habitude exclusivement à tous les autres oiseaux palmipèdes ; néanmoins elle lui est commune avec le pélican, le fou, la frégate, l'anhinga et l'oiseau du tropique ; et, ce qu'il y a de singulier, c'est que ces oiseaux forment avec lui le petit nombre d'espèces aquatiques qui ont les quatre doigts entièrement engagés par les membranes continues ; c'est cette conformité qui a donné lieu aux ornithologistes modernes de rassembler ces cinq ou six oiseaux en une seule famille, et de les désigner en commun sous le nom générique de *pélican ;* mais ce n'est que dans une généralité scolastique, et en forçant l'analogie, que l'on peut, sous le rapport unique de la similitude d'une seule partie, appliquer le même nom à des espèces qui diffèrent autant entre elles que celles de l'oiseau du tropique, par exemple, et celles du véritable pélican.

Le cormoran a la tête sensiblement aplatie, comme presque tous les oiseaux plongeurs : les yeux sont placés très en avant et près des angles du bec, dont la substance est dure, luisante comme de la corne; les pieds sont noirs, courts et très-forts; le tarse est fort large et aplati latéralement; l'ongle du milieu est intérieurement dentelé en forme de scie, comme celui du héron; les bras des ailes sont assez longs, mais garnis de pennes courtes. Malgré sa pesanteur apparente, le cormoran a le vol hardi et soutenu. Sa voracité est étonnante; son appétit, toujours renaissant, est probablement excité par la quantité de petits vers dont ses intestins sont remplis, et que son insatiable gloutonnerie contribue à engendrer.

Cet oiseau est d'une telle adresse à pêcher, que, quand il se jette sur un étang, il y fait seul plus de dégât qu'une troupe entière d'autres oiseaux pêcheurs : heureusement il se tient presque toujours au bord de la mer, et il est rare de le trouver dans les contrées qui en sont éloignées. Comme il peut rester long-temps plongé, et qu'il nage sous l'eau avec la rapidité d'un trait, sa proie ne lui échappe guère, et il revient presque toujours sur l'eau avec un poisson en travers de son bec; pour l'avaler, il fait un singulier manége; il jette en l'air son poisson, et il a l'adresse de le recevoir la tête la première, de manière que les nageoirs se couchent au passage du gosier, tandis que la peau membraneuse, qui garnit le dessous du bec, se prête et s'étend autant qu'il est nécessaire pour admettre et laisser passer le corps entier du poisson, qui souvent est fort gros en comparaison du cou de l'oiseau.

Au Groënland, où les cormorans sont très-communs, ils se tiennent sur les rocs entourés et déchirés par les vagues; ils y restent pendant toute l'année, et y établissent leur nid, toujours au sommet des rochers, à la manière des corbeaux : leur ponte est au moins de trois œufs, de la grosseur de l'oïe, teints d'un vert pâle, et dont l'intérieur a une si mauvaise odeur, que les Groënlandais, gens peu délicats, peuvent à peine les manger. Ces oiseaux vivent en bandes paisibles dans des lieux pour l'ordinaire inacessibles aux hommes; ils se reposent et dorment en commun, la tête cachée sous l'aile ; mais, lorsque réveillés par quelque bruit ils dressent leur long cou, ils paraissent de loin comme une troupe d'enfans immobiles. A l'approche du chasseur, ils prennent leur vol, qu'ils dirigent d'abord en bas, et qu'ils élèvent ensuite peu à peu et assez rapidement en redressant le cou ; mais la nuit ils craignent de voler, et les chasseurs exercés peuvent alors en faire tomber plusieurs l'un après l'autre dans leurs filets. On en tue avec les flèches ;

on en prend avec des filets que l'on tend autour
des lieux qu'ils fréquentent ; enfin, lorsque pendant l'hiver ils descendent de leurs retraites escarpées pour en prendre de moins hautes, l'on va
sur la glace, et quelquefois avec beaucoup de
danger, les prendre vivans pendant leur sommeil,
ou bien on les attire avec quelque appât qui enveloppe un hameçon.

Autrefois, en Angleterre, on mettait à profit
les talens du cormoran pour la pêche, et on en
avait fait, pour ainsi dire, un pêcheur domestique. A la Chine, on l'élève à cette intention ; un
pêcheur possède quelquefois une centaine de ces
oiseaux ; il en prend quelques-uns avec lui dans
sa barque ; et arrivé à l'endroit du lac qu'il croit
le mieux fourni en poissons, il les envoie pêcher
chacun de leur côté ; c'est un spectacle divertissant
de voir ces oiseaux plonger dans l'eau, s'élever
cent fois à la surface, jusqu'à ce qu'ayant saisi un
poisson, ils le portent à leur maître ; si le poisson
est trop gros pour qu'un seul cormoran puisse le
prendre dans son bec, ils se prêtent une mutuelle
assistance ; l'un le prend par la tête, l'autre par la
queue, et ils le portent ainsi en triomphe. Ils ont
toujours un anneau passé autour du cou, ce qui
les empêche d'avaler leur proie : le maître ne le

leur retire que lorsqu'il juge à propos de les laisser pêcher pour leur propre compte.

La faim seule donne de l'activité au cormoran; il devient paresseux et lourd dès qu'il est rassasié : aussi prend-il beaucoup de graisse; et quoiqu'il ait une odeur très-forte, et que sa chair soit de mauvais goût, elle n'est pas toujours dédaignée par les matelots, pour qui le rafraîchissement le plus simple et le plus grossier est souvent plus délicieux que les mets les plus fins ne le sont pour notre délicatesse.

Les cormorans sont en grand nombre sur presque toutes les côtes d'Angleterre; ils bâtissent leur nid sur les rochers au bord de la mer : ils sont extrêmement attentifs à leur propre sûreté, excepté quand leur estomac est rempli, car alors ils deviennent si stupides qu'on peut les prendre facilement.

La peau de ces oiseaux est très-dure, et les Groënlandais s'en servent pour faire des vêtemens grossiers.

Sonnini rapporte quelques détails intéressans sur les cormorans, tirés d'un ouvrage hollandais, que nous croyons ne pas être déplacés ici :

« Les cormorans arrivent en Hollande vers la fin de février et dans les premiers jours de mars; l'on croit qu'ils viennent d'Islande; ils y restent jusqu'au mois de novembre. Ces oiseaux faisaient autrefois leur nid et leur ponte dans l'épaisse forêt de Sevenhuis : je remarquerai, à cette occasion, que l'ornithologiste hollandais dit positivement qu'il entend parler du cormoran proprement dit, du *pelecanus carbo* de Linnæus, et non du *petit cormoran* que Ray et Wilhulghby ont présenté comme formant une peuplade nombreuse dans cette même forêt de Sevenhuis. Au reste, l'une ou l'autre de ces deux espèces a disparu de ce canton, avec les arbres antiques qui l'ombrageaient, et l'on a été long-temps avant de découvrir la nouvelle retraite des cormorans : ils l'ont établie dans un de ces terrains d'abord abandonnés par la mer, qu'elle a reconquis ensuite en rompant ses digues, et qu'en Hollande on appelle *polders ;* celui-ci se distingue par le nom d'*Yssel - Meer,* parce qu'il faisait autrefois partie de l'Yssel ; un fossé l'entoure, et l'entrée en est interdite à tout autre qu'au fermier. C'est d'ailleurs un endroit où il serait dangereux de pénétrer, pour quiconque ne le connaît pas, à cause des fondrières profondes recouvertes par des herbes aquatiques : c'est là où une horde innombrable de cormorans a fixé son rendez-vous général pour y passer les nuits et se propager. Leurs nids sont posés sur le sol, qui n'a, comme je viens de le dire, aucune solidité, et qui n'est qu'un tissu fangeux de touffes de joncs et de roseaux entrecoupés par de l'eau, et formant çà et là des éminences comme autant de petites îles : ces nids s'exhaussent d'année en année, et les fientes des cormorans couvrent la surface des joncs, de sorte que ce polder a de loin un aspect singulier.

« Au premier abord, dit l'observateur, je crus que c'était un canton découvert qui avait été un bocage, et dont on avait coupé les arbres à un pied ou un pied et demi de terre ; mais ce que j'avais pris pour le reste des troncs d'arbres était bien réellement une multitude de nids tous occupés ; ce spectacle, pris dans son ensemble, est un des faits les plus curieux de l'histoire naturelle de nos pays, et un naturaliste ne peut regretter ses pas pour le considérer. »

Le fermier de ce terrain couvert de nids ne trouble point les oiseaux qui les construisent ; mais, dans le temps de la ponte, il se fait un revenu de la vente des œufs ; les boulangers les recherchent, parce qu'ils prétendent que leur emploi donne de la qualité au biscuit de mer. Lorsque les jeunes sont un peu grands, le même fermier en tue quelques centaines qu'il distribue aux pauvres de son voisinage.

Il est difficile de se faire une idée du nombre

des cormorans rassemblés à Yssel-Meer ; il est vraiment effrayant : l'on peut ajouter qu'il est exe trêmement nuisible par la quantité de poissons que ces oiseaux détruisent. L'on est étonné que dans un pays où la guerre est déclarée aux corbeaux et aux pies, on ait exempté les cormorans d'une proscription plus justement méritée. Leur multiplication excessive, et presque protégée, cause le plus grand dommage aux pêcheurs. Leur appétit destructeur étend ses ravages au loin ; ils quittent chaque jour leur repaire et volent à quelques milles de distance, se dispersant et se partageant, pour ainsi dire, les eaux du pays ; les uns se jettent sur la mer de Harlem, d'autres sur le Wael, le Lek, la Meuse ou l'Yssel, et d'autres sur les étangs et les marais ; mais un fait digne de remarque, c'est qu'ils ne touchent jamais aux poissons des eaux qui sont à portée de leur habitation, et les pêcheurs des environs assurent qu'ils ne reçoivent aucun dommage de ces redoutables voisins.

LE PETIT CORMORAN ou LE NIGAUD.

Lᴀ pesanteur, ou plutôt la paresse naturelle à tous les cormorans , est encore plus grande et plus lourde dans le petit cormoran , puisqu'elle lui a fait donner , par tous les voyageurs, le surnom de *shaag*, *niais* ou *nigaud*. Cette petite espèce de cormoran n'est pas moins répandue que la première ; elle se trouve surtout dans les îles et les extrémités des continens austraux. MM. Cook et Forster l'ont trouvée établie à l'île de Géorgie ; cette dernière terre inhabitée, presque inaccessible à l'homme , est peuplée de ces petits cormorans, qui en partagent le domaine avec les pingouins , et se cantonnent dans les touffes de ce gramen grossier, qui est presque le seul produit de la végétation dans cette froide terre , ainsi que dans celle des états où l'on trouve de même ces oiseaux en grande quantité. Une île qui dans le détroit de Magellan en parut toute peuplée, reçut de M. Cook le nom d'*île Shaag* ou *île des Nigauds* ; c'est là, c'est à ces extrémités du globe, que la nature engourdie par le froid, laisse encore subsister cinq ou six espèces d'animaux volatiles ou amphibies, derniers habitans de ces terres envahies par le refroidissement ; ils y vivent dans un calme apathique , qu'on peut regarder comme le prélude du silence éternel qui bientôt doit régner dans ces lieux. « On est étonné , dit M. Cook , de la paix qui est établie dans cette terre ; les animaux qui l'habitent paraissent avoir formé une ligue pour ne point troubler leur tranquillité mutuelle ; les lions de mer occupent la plus grande partie de la côte ; les ours marins habitent l'intérieur de l'île , et les nigauds les rochers les plus élevés ; les pingouins s'établissent où il leur est plus aisé de communiquer avec la mer , et les autres oiseaux choisissent des lieux plus retirés. Nous avons vu tous ces animaux se mêler et marcher ensemble comme un troupeau domestique, ou comme des volailles dans une basse-cour , sans jamais essayer de se faire aucun mal. »

Dans ces terres à demi glacées , entièrement dénuées d'arbre , les nigauds nichent sur les flancs escarpées ou les saillies des rochers avancés sur la mer : ils y sont cantonnés et rassemblés par milliers : le bruit d'un coup de fusil ne les disperse pas : ils ne font que s'élever à quelques pieds de hauteur , et ils retombent ensuite sur leur nid. Cette chasse n'exige pas même l'arme à feu , car on peut les tuer à coups de perche et de bâton , sans que l'aspect de leurs compagnons , gisans et morts auprès d'eux, les émeuve assez pour les faire fuir et se soustraire au même sort. Au reste, leur chair, celle des jeunes surtout, est assez bonne à manger.

Le plumage du petit cormoran, ou nigaud, est généralement noir; la tête et le cou sont nuancés de vert. Le nigaud huppé de la Nouvelle-Zélande est un peu plus petit et moins commun. Cette île en fournit plusieurs espèces, dont quelques-unes sont de la grosseur d'une sarcelle : il y a aussi au Kamtschatka deux espèces différentes de ces oiseaux.

LE CORMORAN PYGMÉE.

Ce petit cormoran, qui est à peine de la grosseur d'une sarcelle, ressemble beaucoup au nigaud : le fond de son plumage est noir, avec une légère nuance de vert sur le cou et la poitrine; il a autour des yeux de petites taches blanches éparses; et des points de la même couleur parsemés sur le cou, la poitrine et les flancs; les couvertures des ailes sont d'un brun foncé et bordées de noir; la femelle est toute brune ou noirâtre, sans points ni taches. M. Pallas a vu cette espèce sur la mer Caspienne, avec le grand et le petit cormoran, mais elle y arrive plus tard qu'eux.

Dans un voyage à Poséga, il est question d'un petit cormoran qui ne paraît être qu'une variété du pygmée; il a le dessus de la tête et du cou pointillée de blanc sur un fond couleur marron, la gorge d'un gris de souris, le corps en dessous couvert de plumes d'un brun sombre avec une bordure couleur marron, le ventre blanchâtre et tacheté de blanc; les couvertures des ailes noirâtres, avec un liseré en festons d'une teinte plus foncée; les pieds sont noirs.

LE TINGMIK.

C'est un cormoran fort rare au Groënland, et que l'on n'y voit que sur les côtes les moins septentrionales; il se tient, comme le cormoran commun, sur les rochers baignés par la mer, et il les couvre d'une couche épaisse de sa fiente: c'est de là que lui vient son nom *tingmik*, dérivée du verbe *tingmikpok* qui, en langage groënlandais, signifie *avoir la diarrhée;* on l'y appelle aussi *tingmirk-soak:* il est plus grand que le cormoran commun qui vit aussi dans les mêmes régions glacées; son plumage est tout noir, sans taches ni nuances, et sa tête est surmontée d'une huppe à demi couchée.

LE PÉLICAN ROUX.

CETTE espèce se trouve en Afrique; le plumage est d'un roux lavé, avec la tête et le cou mêlés d'un blanc mêlé de brun, et les pennes des ailes noires : elle n'est pas moins vorace que les autres. Le docteur Latham décrit la manière dont un de ces oiseaux apprivoisés remplissait sa poche de nourriture. « On lui mit par terre plusieurs poissons de différentes grosseurs : il essaya d'abord d'en enlever un qui pesait dix livres; mais en étant empêché par la faiblesse de son bec, il en prit dix autres qui pesaient environ une livre chaque, et les ayant rangés l'un à côté de l'autre, il les mit successivement dans sa poche. Cette poche pouvait contenir huit pintes d'eau.

LES GOËLANDS ET LES MOUETTES.

Ces deux noms, tantôt réunis et tantôt séparés, ont moins servi jusqu'à ce jour à distinguer qu'à confondre les espèces comprises dans
l'une des plus nombreuses familles des oiseaux
d'eau. Plusieurs naturalistes ont nommé *goëlands*
ce que d'autres ont appelé *mouettes*, et quelques-uns ont indifféremment appliqué ces deux
noms, comme synonymes à ces mêmes oiseaux ;
cependant il doit subsister entre toute expression nominale quelques traces de leur origine,
ou quelques indices de leurs différences, et il me
semble (dit M. de Buffon), que les noms *goëlands* et *mouettes* ont en latin leurs correspondans
larus et *gravia*, dont le premier doit se traduire
par *goëland*, et le second par *mouette*. Il me
paraît encore que le nom *goëland* désigne les plus
grandes espèces de ce genre, et que celui de
mouette ne doit être appliqué qu'aux plus petites
espèces.

Tous ces oiseaux goëlands et mouettes sont également voraces et criards : on peut dire que ce sont
les vautours de la mer; ils la nettoient des cadavres de toute espèce qui flottent à sa surface.

ou qui sont rejetés sur les rivages ; aussi lâches que gourmands, ils n'attaquent que les animaux faibles, et ne s'acharnent que sur les corps morts. Leur port ignoble, leurs cris importuns, leur bec tranchant et crochu, présentent les images désagréables d'oiseaux sanguinaires et bassement cruels ; aussi les voit-on se battre avec acharnement entre eux pour la curée, et même, lorsqu'ils sont renfermés, et que la captivité aigrit encore leur humeur féroce, ils se blessent sans motif apparent : le premier dont le sang coule devient la victime des autres, car alors leur fureur s'accroît, et ils mettent en pièce le malheureux qu'ils avaient blessé sans raison. Cet excès de cruauté ne se manifeste guère que dans les grandes espèces, mais toutes, grandes et petites, étant en liberté, s'épient, se guettent sans cesse pour se piller et se dérober réciproquement la nourriture ou la proie : tout convient à leur voracité ; le poisson frais ou gâté, la chair sanglante, récente ou corrompue, les écailles, les os même, tout se digère et se consume dans leur estomac ; ils avalent l'amorce et l'hameçon ; ils se précipitent avec tant de violence, qu'ils s'enferrent eux-mêmes sur une pointe que le pêcheur place sous le hareng qu'il leur offre en appât, et cette manière n'est pas la seule dont on puisse les leurrer. Oppien a écrit qu'il suffit d'une planche peinte de quelques figures de poissons, pour que ces animaux viennent se briser contre ; mais ces portraits de poissons devaient donc être aussi parfaits que ceux des raisins de Parrhasius ?

Quelques naturalistes ont écrit que certaines espèces de mouettes en poursuivent d'autres pour manger leurs excrémens. « J'ai fait tout ce qui a dépendu de moi, dit Baillon, pour vérifier ce fait, que j'ai toujours répugné de croire ; je suis allé nombre de fois au bord de la mer, à l'effet d'y faire des observations, j'ai reconnu ce qui a donné lieu à cette fable ; le voici :

« Les mouettes se font une guerre continuelle pour la curée ; du moins les grosses espèces et les moyennes ; lorsqu'une sort de l'eau avec un poisson au bec, la première qui l'aperçoit fond dessus pour le lui prendre ; si celle-ci ne se hâte de l'avaler, elle est poursuivie à son tour par de plus fortes qu'elle, qui lui donnent de violens coups de bec ; elle ne peut les éviter qu'en fuyant ou en écartant son ennemi ; soit donc que le poisson la gêne dans son vol, soit que la peur lui donne quelque émotion, soit enfin qu'elle sache que le poisson qu'elle porte est le seul objet de la poursuite, elle se hâte de le vomir ; l'autre qui le voit tomber, le reçoit avec adresse, et avant qu'il ne soit dans l'eau ; il est rare qu'il lui échappe.

« Le poisson paraît toujours blanc en l'air, parce qu'il réfléchit la lumière ; et il semble, à cause de la roideur du vol, tomber derrière la mouette qui le vomit. Ces deux circonstances ont trompé les observateurs.

« J'ai vérifié le même fait dans mon jardin ; j'ai poursuivi, en criant, de grosses mouettes ; elles ont vomi, en courant, le poisson qu'elles venaient d'avaler ; je le leur ai rejeté ; elles l'ont très-bien reçu en l'air, avec autant d'adresse que des chiens. »

Les goëlands et les mouettes ont également le bec tranchant, allongé, aplati par les côtés, avec la pointe renforcée et recourbée en croc, et un angle saillant à la mandibule inférieure ; ces caractères, plus apparens et plus prononcés dans les goëlands, se marquent néanmoins dans toutes les espèces de mouettes ; c'est même ce qui les sépare des hirondelles de mer, qui n'ont ni le croc à la partie supérieure du bec, ni la saillie à l'inférieure, sans compter que les plus grandes hirondelles de mer le sont moins que les plus petites mouettes : de plus : les mouettes n'ont pas la queue fourchue, mais pleine ; leurs jambes, ou plutôt leurs tarses sont fort élevés, et même les goëlands et les mouettes seraient, de tous les oiseaux à pieds palmés, les plus hauts de jambes, si le flammant, l'avocette et l'échasse ne les avaient encore plus longues, et si démesurées, qu'ils sont à cet égard des espèces de monstres. Tous les goëlands et mouettes ont les trois doigts engagés par une palme pleine, et le doigt de derrière dégagé, mais très-petit ; leur tête est grosse ; ils la portent mal et presque entre les épaules, soit qu'ils marchent ou qu'ils soient en repos ; ils courent assez vite sur les rivages, et volent encore mieux au-dessus des flots ; leurs longues ailes qui, lorsqu'elles sont pliées, dépassent la queue, et la quantité de plumes dont leur corps est garni, les rendent très-légers ; ils sont aussi fournis d'un duvet fort épais, qui est d'une couleur bleuâtre, surtout à l'estomac ; ils naissent avec ce duvet, mais les autres plumes ne croissent que tard, et ils n'acquièrent complétement leurs couleurs qu'après avoir passé plusieurs mues, et dans leur troisième année.

Ils se tiennent en troupes sur les rivages de la mer ; souvent on les voit couvrir de leur multitude, les écueils et les falaises, qu'ils font retentir de leurs cris importuns, et sur lesquels ils semblent fourmiller, les uns prenant leur vol, les autres s'abattant pour se reposer, et toujours en très-grand nombre : en général, il n'est pas d'oiseau plus commun sur les côtes, et l'on en rencontre en mer jusqu'à cent lieues de distance ; ils fréquentent les îles et les contrées voisines de la mer dans tous les climats.

Ces oiseaux, ainsi que beaucoup d'autres espèces, sont en grand nombre sur les rochers nommés en Angleterre *the Needles* (les Aiguilles), à la pointe occidentale de l'île de Wight. M. Edwards passa plusieurs jours aux environs de ces rochers ; il nous les représente comme un des ouvrages les plus étonnans de la nature. « J'ai quelquefois admiré, dit-il, la magnificence des palais des rois ; l'antique majesté de nos vieilles cathédrales m'a souvent frappé d'une religieuse frayeur ; mais quand de l'Océan j'ai vu à découvert cet ouvrage immense et prodigieux de la nature, combien m'ont paru faibles et petits tous les monumens de la puissance humaine ! Qu'on se figure une masse de rochers haute de six cents pieds, sur une longueur d'environ quatre mille, flanquée d'obélisques et de colonnes informes qui semblent s'élever immédiatement de la mer, et qui sont coupées par les bouches noires des cavernes creusées par les vagues ; que de cette sombre profondeur l'œil effrayé mesure les flancs rompus et coupés à pic de ces rochers, dont les saillies, suspendues sur les flots, semblent menacer à chaque instant d'abîmer le spectateur ; que, s'éloignant ensuite un quart de mille en mer, pour jouir en plein de la vue de cet immense rocher, on tire un coup de canon de cette distance, on voit l'air obscurci d'un nuage noir que forment, en s'élevant, des milliers d'oiseaux rangés à la fille sur les avances et les corniches du rocher, et qui sont, avec quelques brebis, les seuls habitans de cet écueil. »

LE GOELAND VARIÉ ou LE GRISARD.

Ce goëland pèse douze ou qatorze onces; il a vingt pouces de long depuis le bout du bec jusqu'à l'extrémité de la queue, et environ quatre pieds d'envergure; le bec, noir, épais et robuste, a trois pouces de long; la mandibule supérieure, un peu crochue, dépasse l'inférieure; les yeux sont gris, les narines d'une forme oblongue; la tête est très-grosse et le cou extrêmement court, ainsi que dans toutes les espèces de goëlands; le dos et le cou sont gris, mêlés de blanchâtre, les grandes pennes de l'aile noirâtres; la gorge, la poitrine, le ventre et les cuisses blancs, mouchetés de brun ; la queue a cinq ou six pouces de long ; les jambes et les pieds sont jaune-orange, les ongles noirs.

Un goëland de cette espèce, qu'Anderson avait reçu du Groënland, attaquait les petits animaux, et se défendait à grands coups de bec contre les chiens et les chats, auxquels il se plaisait à mordre la queue : en lui montrant un mouchoir blanc, on était sûr de le faire crier d'un ton perçant, comme si cet objet lui eût représenté quelqu'un des ennemis qu'il peut avoir à redouter en mer.

Un grisard vécut plusieurs années dans les jardins de Moulin-Joli, aux environs de Paris, où il errait en liberté. Il ne manquait pas de se présenter tous les jours, aux mêmes heures, à la porte de la cuisine, où on lui jetait à manger : il avait aussi pris de lui-même l'habitude d'entrer à l'heure du dîner dans la salle à manger, peu de temps après qu'on s'était mis à table : il débutait par un cri très-aigu, étendant en même temps les ailes, inclinant d'abord la tête et se redressant ensuite ; comme si on l'eût instruit à ce manége qui lui était naturel ; il ramassait quelques morceaux de viande qu'on lui jetait, finissait par les mêmes gestes qu'en entrant, et se retirait d'un pas grave ; laissant presque toujours une partie de ce qu'on lui avait abandonné, il retournait dans les jardins, où il passait le reste de la journée accroupi. Quoiqu'il fût au bord de l'eau, il n'y entrait pas, et on ne le voyait rien chercher au-delà de ce qu'on lui donnait; c'était un animal fort triste, qui, hors les voyages qu'il faisait pour venir demander à manger, demeurait presque toujours couché; il ne permettait pas qu'on l'approchât, et se défendait à grands coups de bec quand on le serrait de trop près; il ne redoutait aucun autre animal, mais il n'allait à aucun s'il ne paraissait venir à lui le premier. Il y avait dans le même jardin deux cigognes que le goéland ne cherchait ni n'évitait. »

Dans le grisard, comme dans tous les autres goélands et mouettes, la femelle ne paraît différer du mâle que par la taille, qui est un peu moindre. La chair de ces oiseaux est dure et de mauvais goût : on ne peut en manger qu'après avoir pendu l'animal pendant deux ou trois jours, afin de laisser écouler l'huile dont il est rempli, et l'avoir fait tremper quelques heures dans l'eau douce.

Belon trouve quelque rapport entre la tête du grisard et celle de l'aigle; mais il y en a bien plus entre ses mœurs basses et celles du vautour : sa constitution forte et dure le rend capable de supporter les temps les plus rudes; aussi les navigateurs ont remarqué qu'il s'inquiète peu des orages

en mer. Ces oiseaux sont les premiers que les vaisseaux rencontrent en approchant du Groënland, et
ils suivent constamment ceux qui vont à la pêche
de la baleine jusqu'au milieu des glaces. Lorsqu'une
baleine est morte, et que son cadavre surnage, ils
se jettent dessus par milliers, et en enlèvent de
tous côtés des lambeaux ; quoique les pêcheurs
s'efforcent de les écarter en les frappant à coups
de gaule ou d'aviron, à peine leur font-ils lâcher
prise, à moins de les assommer. C'est cet acharnement stupide qui leur a mérité le surnom de
sottes bêtes, mallemucke, en hollandais ; ce sont en
effet de sots et vilains oiseaux, qui se battent et se
mordent, dit Martens, en s'arrachant l'un l'autre les
morceaux, quoiqu'il y ait sur les grands cadavres où
ils se repaissent, de quoi assouvir pleinement leur
voracité.

Le goëland gris pond ordinairement depuis un
œuf jusqu'à trois, dans un nid composé d'herbes
marines, et placé sur les rochers.

LA MOUETTE BRUNE.

Cette mouette est beaucoup plus petite que le grisard ; le bec, couleur de corne et noir à l'extrémité, a un pouce et demi de long ; les yeux sont petits ; les narines d'une forme oblongue ; la tête et les parties supérieures du corps sont brunes, à l'exception des grandes pennes de l'aile, qui sont entièrement noires ; la poitrine et le ventre, d'un brun clair, sont traversés par un nombre infini de petites lignes plus foncées ; les jambes et les pieds sont d'un jaune-brun, et les ongles noirs ainsi que la queue.

LA MOUETTE RIEUSE.

Le cri de cette petite mouette a quelque ressemblance avec un éclat de rire, d'où vient son surnom de *rieuse ;* elle paraît un peu plus grande qu'un pigeon, mais elle a, comme toutes les mouettes, bien moins de corps que de volume apparent ; la quantité de plumes fines dont elle

est revêtue la rend très-légère. Elle est fort criarde,
particulièrement durant les nichées, temps où
ces petites mouettes sont plus rassemblées ; la
ponte est de six œufs olivâtres, tachetés de noire ;
les jeunes sont bonnes à manger, et l'on en prend
un grand nombre dans les comtés d'Essex et de
Stafford.

Quelques-unes de ces mouettes rieuses s'établissent sur les rivières et même sur des étangs,
dans l'intérieur des terres ; il paraît qu'elles fréquentent les mers des deux continens. Catesby
les a trouvées aux îles de Bahama ; Fernandez
les décrit sous le nom mexicain de *pipican ;* et,
comme toutes les autres mouettes, elles abondent surtout dans les contrées du nord. Martens,
qui les a observées à Spitzberg, et qui les nomme
kirmews, dit, qu'elles pondent sur une mousse
blanchâtre, dans laquelle on distingue à peine
leurs œufs, parce qu'ils sont à peu près de la couleur de cette mousse, c'est-à-dire d'un blanc sale
ou verdâtre, piqueté de noir ; ils sont de la grosseur des œufs de pigeon, mais fort pointus par
un bout ; le moyeu de l'œuf est rouge, et le blanc
est bleuâtre. Le père et la mère s'élancent courageusement contre ceux qui enlèvent leur nichée,
et cherchent à les en écarter à coups de bec, et
en jetant de grands cris. Le nom de *kirmews,*

dans la première syllabe *kir*, exprime ce cri, suivant Martens, qui cependant observe qu'il a trouvé des différences dans la voix de ces oiseaux, suivant qu'il les a rencontrés dans les régions polaires, ou dans des parages moins septentrionaux, comme vers les côtes d'Ecosse, d'Irlande, et dans les mers d'Allemagne ; il prétend qu'en général on trouve de la différence dans les cris des animaux de même espèce, selon les climats où ils vivent : ce qui pourrait très-bien être, surtout pour les oiseaux, le cri n'étant dans les animaux que l'expression de la sensation la plus habituelle, et celle du climat étant dominante dans les oiseaux, plus sensibles que tous les autres animaux aux variations de l'atmosphère, et aux impressions de la température.

Martens remarque encore que ces mouettes, à Spitzberg, ont les plumes plus fines et plus chevelues qu'elles ne les ont dans nos mers ; cette différence tient encore au climat : une autre, qui ne nous paraît tenir qu'à l'âge, est dans la couleur du bec et des pieds ; les unes les ont rouges, et les autres noires : mais ce qui prouve que cette différence ne constitue pas deux espèces distinctes, c'est que la nuance intermédiaire s'offre dans plusieurs individus, dont les uns ont le bec rouge et les pieds seulement rougeâtres ; d'autres

le bec rouge à la pointe seulement, et noir dans
le reste.

LA MOUETTE BLANCHE.

CETTE mouette est très-petite et ne pèse pas
plus de huit à neuf onces. Le bec est rouge, l'i-
ris des yeux blanc, entouré de gris cendré. Les
grandes pennes des ailes sont noires, terminées
de blanc; la tête, la gorge, la poitrine et le ventre blancs, teint de jaune pâle; le dos est noir;
les jambes, dégarnies de plumes jusques au-dessus du genou, sont d'un vert foncé; les ongles
petits et noirs.

Ces oiseaux sont, dit-on, très-utiles dans les
jardins, où ils détruisent beaucoup de vers et d'insectes : ils se nourrissent principalement de petits
poissons.

LA GRANDE MOUETTE CENDRÉE ou MOUETTE A PIEDS BLEUS.

La couleur bleuâtre des pieds et du bec, constante dans cette espèce, doit se distinguer, des autres qui ont généralement les pieds d'une couleur de chair plus ou moins vermeille ou livide. La mouette à pieds bleus a de seize à dix-sept pouces de longueur, de la pointe du bec à celle de la queue : son manteau est d'un cendré clair; plusieurs des pennes de l'aile sont échancrées de noir ; tout le reste du plumage est d'un blanc de neige.

Willoughby semble désigner cette espèce comme la plus commune en Angleterre ; on la nomme *grand émiaulle* sur nos côtes de Picardie ; et voici les observations que M. Baillon a faites sur les différentes nuances de couleurs que prend successivement le plumage de ces mouettes dans la suite de leurs mues, suivant les différens âges. Dans la première année, les pennes des ailes sont noirâtres ; ce n'est qu'après la seconde mue qu'elles prennent un noir décidé, et qu'elles sont variées de taches blanches qui les relèvent : aucune jeune mouette n'a la queue blanche ; le bout en est toujours noir ou gris. Dans ce même temps, la tête et le dessus du cou sont marqués de quelques taches, qui peu à peu s'effacent, et le cèdent au blanc pur; le bec et les pieds n'ont leurs couleurs pleines que vers l'âge de deux ans.

A ces observations, très-intéressantes, puisqu'elles doivent servir à empêcher qu'on ne multiplie les espèces sur de simples variétés individuelles, M. Baillon en ajoute quelques-unes sur le naturel particulier de la mouette à pieds bleus. Elle s'apprivoise plus difficilement que les autres, et cependant elle paraît moins farouche en liberté, elle se bat moins, et n'est pas aussi vorace que la plupart des autres. Captive dans un jardin, elle cherchait les vers de terre; lorsqu'on lui présentait de petits oiseaux, elle n'y touchait que quand ils étaient à demi déchirés : ce qui montre qu'elle est moins carnassière que les goëlands.

LA MOUETTE TACHETÉE ou LE KUTGEGHEF.

« Dans le temps, dit Martens, que nous découpions la graisse des baleines, quantité de ces oiseaux venaient criant près de notre vaisseau ; ils semblaient prononcer *kutgeghef*. » Ce nom rend en effet l'espèce d'éternuement, *keph*, *keph*, que diverses mouettes captives font entendre, et dont le nom grec *kepphos* pourrait bien dériver. Quant à la taille, cette mouette kutgeghef ne surpasse pas la mouette blanche ; elle n'a que quinze pouces de longueur ; le plumage, sur un fond de beau blanc en devant du corps, et de gris sur le manteau, est distingué par quelques traits de ce même gris, qui forment sur le dessus du cou comme un demi-collier, et par des taches de blanc et de noir mélangé sur les couvertures de l'aile ; le doigt de derrière, qui est très-petit dans toutes les mouettes, est presque nul dans celle-ci, et c'est de là sans doute que Martens ne lui donne que trois doigts.

De grandes troupes de ces mouettes parurent subitement aux environs de Sémur en Anxois, au mois de février 1775 ; on les tuait fort aisément,

et on en trouvait de mortes ou demi-mortes de
faim dans les prairies, dans les champs, et au
bord des ruisseaux ; en les ouvrant, on ne trouvait dans leur estomac que quelques débris de
poissons, et une bouillie noirâtre dans les intestins.
Ces oiseaux n'étaient pas connus dans le pays ; leur
apparition ne dura que quinze jours, ils étaient ar-
rivés par un grand vent de midi qui souffla tout ce
temps.

LE GOELAND A MANTEAU NOIR.

Cet oiseau est le plus gros de tous les goëlands ;
il a deux pieds, et quelquefois deux pieds et
demi de longueur, et pèse ordinairement plus de
quatre livres. Ses ailes étendues ont cinq pieds
sept pouces d'envergure, son bec fort et robuste,
long de trois pouces et demi, est jaunâtre, avec
une tache rouge à l'ongle saillant de la mandibule
inférieure ; la paupière est d'un jaune aurore ;
les pieds, avec leur membrane, sont d'une couleur de chair blanchâtre, et comme farineux ; les
ailes sont noires ainsi que le dos ; le reste du

plumage est blanc ; la queue a près de six pouces de long.

Les goëlands à manteaux noirs font leur nid entre les rochers de la mer, et dans le Nord, sur les monticules de fiente d'oiseaux marins, dont les rochers isolés sont couverts ; leur nid n'a aucun apprêt et ne montre ni insdustrie ni prévoyance ; la ponte est de trois œufs gris-noirâtre et tachetés de pourpre foncé. Au Groënland ils pondent et couvent dans le mois de juin, et on leur fait la chasse avec des lacets ou d'autres pièges.

Cette espèce est répandue sur les mer de l'Europe et de l'Amérique, au cap de Bonne-Espérance, et à la nouvelle-Hollande.

LE GOELAND BRUN ou LE CATARACTE.

Cette espèce a près de deux pieds de longueur, et pèse environ trois livres. Le bec, long de deux pouces un quart, est crochu vers le bout, qui est très- aigu ; sa base est recouverte d'une membrane

charnue, semblable à celle des oiseaux de proie,
et qui s'étend plus loin que la moitié de la longueur du bec; cette membrane est noire, et l'iris
des yeux couleur de noisette mêlée d'un peu de
jaune. Les parties supérieures du plumage sont
d'un brun foncé, les inférieures, de la même couleur, mais plus claire. Les serres sont noires,
fortes et crochues.

Le goëland brun habite principalement la Norwège et les îles Feroë. C'est le plus formidable
de tous les goëlands; il se nourrit non-seulement
de poissons, mais aussi de petits oiseaux aquatiques et même de jeunes agneaux, ce qui est
merveilleux pour un oiseau dont les pieds sont plamés.

Ray observe que ce goëland, par toute l'habitude du corps, a l'air d'un oiseau de rapine et de
carnage; et telle est en effet la physionomie basse
et cruelle de tous ceux de la race sanguinaire des
goëlands. C'est à celui-ci que les naturalistes semblent être convenus de rapporter l'oiseau cata-
racte d'Aristote, lequel, suivant que l'indique
son nom, tombe sur l'eau comme un trait pour
y saisir sa proie; ce qui se rapporte très-bien à ce
que dit Willoughby de notre goëland, qu'il fond
avec tant de rapidité sur un poisson que les
pêcheurs attachent sur une planche pour l'attirer,
qu'il s'y casse la tête.

Sur le rocher nommé Foula, où ces oiseaux sont communs, les habitans ont pour eux une grande vénération, parce qu'ils prétendent qu'ils garantissent les troupeaux des attaques de l'aigle, en le combattant et le poursuivant avec tant de fureur, que cet oiseau vorace n'ose pas approcher des lieux qu'ils habitent.

Les insulaires des îles Feroë s'exposent aux plus grands dangers pour prendre ces oiseaux sur les rochers où ils font leur nid, à une hauteur prodigieuse. M. Peter Clanson, dans sa description de la Norwège, dit qu'anciennement il existait une loi dans ce pays, qui ordonnait au plus proche parent de celui qui avait péri en grimpant sur ces rochers, d'exécuter la même entreprise; s'il s'en déclarait incapable, le corps du mort n'était point inhumé en terre sainte, étant regardé comme coupable de sa mort par son imprudente témérité.

LE GOÉLAND A MANTEAU GRIS-BRUN
OU LE BOURGMESTRE.

Les Hollandais ont appelé cette espèce de goëland *bourgmestre*, à cause de sa démarche grave et de sa grande taille , qui le leur a fait regarder comme le magistrat qui semble présider avec autorité au milieu de ces peuplades turbulentes et voraces. Il est en effet de la première grandeur, et aussi grand que le goëland à manteau noir ; il a le dos gris-brun , ainsi que les pennes de l'aile, dont les unes sont terminées de blanc, les autres de noir ; le reste du plumage est blanc ; la paupière est bordée de rouge ou de jaune ; le bec est de cette dernière couleur , avec l'angle inférieur fort saillant et d'un rouge vif ; ce que Martens exprime très-bien en disant qu'il semble avoir une cerise au bec. Dans les mers du Nord , ces oiseaux vivent des cadavres des grands poissons. « Lorsqu'on traîne une baleine à l'arrière d'un vaisseau , dit Martens, ils s'attroupent et viennent enlever de gros morceaux de son lard ; c'est alors qu'on les tue plus aisément, car il est presque impossible de les atteindre dans leur nid, qu'ils posent au sommet et dans les fentes des plus hauts rochers : la femelle dépose ses œufs au mois de juin, dans des herbes qui croissent sur les écueils ; la chair des petits ne le cède presque pas à celle des poulets : aussi est-elle recherchée par les Danois qui fréquentent le Groënland. De toutes les espèces de goëlands, ceux-ci sont les plus communs dans ce même pays ; on les voit partout sur les côtes, et dans les golfes et les anses ; quoiqu'ils se nourrissent principalement de poissons, ils mangent aussi les baies de la bruyère à fruit noir ; on les prend au lacet, auquel on attache pour amorce un morceau de poisson, ou avec un hameçon garni de lard que l'on jette dans la mer et dont on tient la ligne depuis le rivage, ou enfin avec un morceau de lard dans lequel on ajuste un petit bois pointu qui les étouffe lorsqu'ils font des efforts pour l'avaler ; on les tue aussi, mais plus rarement, à coups de flèches quand ils se reposent sur les eaux.

LES PÉTRELS.

De tous les oiseaux, dit M. de Buffon, qui fréquentent les hautes mers, les pétrels sont les plus marins; du moins ils paraissent être les plus étrangers à la terre, les plus hardis à se porter au loin, à s'écarter et même s'égarer sur le vaste Océan, car ils se livrent avec autant de confiance que d'audace au mouvement des flots, à l'agitation des vents, et paraissent braver les orages. Quelque loin que les navigateurs se soient portés, quelque avant qu'ils aient pénétré, soit du côté des pôles, soit dans les autres zônes, ils ont trouvé ces oiseaux qui semblaient les attendre et même les devancer sur les parages les plus lointains et les plus orageux; partout ils les ont vus se jouer avec sécurité et même avec gaîté sur cet élément terrible dans sa fureur, et devant lequel l'homme le plus intrépide est forcé de pâlir; comme si la nature l'attendait là pour lui faire avouer combien l'instinct et les forces qu'elle a départis aux êtres qui nous sont inférieurs, ne laissent pas d'être au-dessus des puissances combinées de notre raison et de notre art.

Pourvus de longues ailes, munis de pieds palmés, les pétrels ajoutent à l'aisance et à la légèreté du vol, à la facilité de nager, la singulière faculté de courir et de marcher sur l'eau, en effleurant les ondes par le mouvement d'un transport rapide, dans lequel le corps est horizontalement soutenu et balancé par les ailes, et où les pieds frappent alternativement et précipitamment la surface de l'eau; c'est de cette marche sur l'eau que vient le nom *pétrel*; il est formé de *peter*, pierre, ou de *petrill*, pierrot, nom que les matelots anglais ont imposé à ces oiseaux, en les voyant courir sur l'eau comme l'apôtre saint Pierre y marchait.

Les espèces de pétrels sont nombreux; ils ont tous les ailes grandes et fortes; cependant ils ne s'élèvent pas à une grande hauteur, et communément ils rasent l'eau dans leur vol; ils ont trois doigts unis par une membrane; les deux doigts latéraux portent un rebord à leur partie extérieure; le quatrième doigt n'est qu'un petit éperon qui sort immédiatement du talon, sans articulation ni phalange.

Le bec, comme celui de l'albatros, est articulé et paraît formé de quatre pièces, dont deux, comme des morceaux sur-ajoutés, forment les extrémités des mandibules; il y a de plus, le long de la mandibule supérieure, près de la tête, deux petits tuyaux ou rouleaux couchés, dans lesquels sont percées les narines; par sa conformation totale, ce bec semblerait être celui d'un oiseau de proie; car il est épais, tranchant et crochu à son extrémité. Au reste, cette figure du bec n'est pas entièrement uniforme dans tous les pétrels; il y a même assez de différence pour qu'on puisse en tirer un caractère qui établit une division dans la famille de ces oiseaux; en effet, dans plusieurs espèces, la seule pointe de la mandibule supérieure est recourbée en croc: la pointe de l'inférieure, au contraire, est creusée en gouttière, et ces espèces sont celles des pétrels simplement dits.

Dans les autres, les pointes de chaque mandibule sont aiguës, recourbées, et font ensemble le crochet; cette différence de caractère a été observée par M. Brisson, et nous nous en servirons pour établir, dans la famille des pétrels, la seconde division sous laquelle nous rangerons les espèces que nous appelerons *pétrels puffins*.

Tous ces oiseaux, soit pétrels, soit puffins, paraissent avoir un même instinct et des habitudes communes pour faire leur nichée; ils n'habitent la terre que dans ce temps, qui est assez court; et comme s'ils sentaient combien ce séjour leur est étranger, ils se cachent, ou plutôt ils s'enfouissent dans des trous sous les rochers au bord de la mer; ils font entendre, du fond de ces trous, leur voix désagréable que l'on prendrait le plus souvent pour le coassement d'un reptile; leur ponte n'est pas nombreuse; ils nourrissent et engraissent leurs petits en leur dégorgeant dans le bec la substance, à demi digérée et déjà réduite en huile, des poissons dont ils font leur principale et peut-être leur unique nourriture; mais une particularité dont il est très-bon que les dénicheurs de ces oiseaux soient avertis, c'est que, quand on les attaque, la peur ou l'espoir de se défendre leur fait rendre l'huile dont ils ont l'estomac rempli; ils la lancent au visage et aux yeux du chasseur; et comme leurs nids sont le plus souvent situés sur des côtes escarpées, dans des fentes de rochers à une grande hauteur, l'ignorance de ce fait a coûté la vie à quelques observateurs. Les gazettes de Londres, du mois de juin 1761, rapportent le malheur arrivé à M. Campbel qui, allant prendre un nid de pétrels sur un rocher escarpé, reçut dans les yeux l'huile que l'oiseau lui lança, lâcha prise et se tua en tombant des rochers.

LE PÉTREL CENDRÉ.

Ce pétrel habite dans les mers du Nord ; plusieurs le comparent pour la grandeur, à une poule moyenne ; M. Rolandson Martin, observateur suédois, le dit de la grosseur d'une corneille ; et le premier de ces auteurs lui trouve dans le port et dans la figure quelque chose du faucon ; son bec, fortement articulé et très-crochu, est en effet un bec de proie ; le croc de la partie supérieure et la gouttière tronquée qui termine l'inférieure sont d'une couleur jaunâtre, et le reste du bec avec les deux tuyaux des narines, sont rouges ainsi que les pieds ; le plumage du corps est d'un blanc cendré ; le manteau est d'un cendré bleu, et les pennes de l'aile sont d'un bleu plus foncé et presque noir ; les plumes sont très-serrées, très fournies et garnies en dessus d'un duvet épais et fin, dont la peau du corps est entièrement revêtue.

Les observateurs s'accordent à donner le nom de *haff-hert* ou *haff hest*, cheval de mer, à cet oiseau ; et c'est, selon Pontoppidan : « parce qu'il rend un son semblable au hennissement du cheval, et que le bruit qu'il fait en nageant approche du trot de ce quadrupède : » mais il n'est pas aisé de concevoir comment un oiseau qui nage fait le bruit d'un cheval qui trotte; et n'est-ce pas plutôt à cause de la course du pétrel sur l'eau, qu'on lui aura donné cette dénomination ? Le même auteur ajoute que ces oiseaux ne manquent pas de suivre les bateaux qui vont à la pêche des chiens de mer, pour attendre que les pêcheurs jettent les entrailles de ces animaux; il dit qu'ils s'acharnent aussi sur les baleines mortes ou blessées dès qu'elles surnagent, et que les pêcheurs tuent ces pétrels un à un à coups de bâton, sans que le reste de la troupe désempare.

LE PÉTREL BLANC ET NOIR
ou LE DAMIER.

LE plumage de ce pétrel, marqué de blanc et de noir, coupé symétriquement, et semblable à un échiquier, l'a fait appeler *damier* par tous nos navigateurs. Il est à peu près de la grosseur d'un pigeon commun; et comme dans son vol il en a l'air et le port, ayant le cou court, la tête ronde, quatorze ou quinze pouces de longueur, et seulement trente-deux ou trente-trois d'envergure, les navigateurs l'ont souvent appelé *pigeon de mer.*

Le damier a le bec et les pieds noires; le doigt extérieur est composé de quatre articulations, celui du milieu de trois, et l'intérieur de deux seulement; à la place du petit doigt est un ergot pointu, dur, long d'une ligne et demie, et dont la pointe se dirige en dedans; le bec porte au-dessus les deux petits tuyaux ou rouleaux dans lesquels sont percés les narines; la pointe de la mandibule supérieure est courbée, celle de l'inférieure est taillée en gouttière et comme tronquée; le dessus de la tête est noir; les grandes plumes des ailes sont de la même couleur, avec des taches blanches; la queue est frangée de blanc et de noir, et lorsqu'elle est développée, elle ressemble, dit Frézier, à une écharpe de deuil; le ventre est blanc, et le manteau régulièrement comparti par taches de blanc et de noir. Le mâle et la femelle ne diffèrent pas sensiblement l'un de l'autre par le plumage ni par la grosseur.

Dans leur vol ils effleurent la surface de l'eau et y mouillent de temps en temps leurs pieds qu'ils tiennent pendans. Il paraît qu'ils vivent du frai de poisson qui flotte sur la mer ; néanmoins on voit le damier s'acharner avec la foule des autres oiseaux de mer sur les cadavres des baleines ; on le prend à l'hameçon avec un morceau de chair ; quelquefois aussi il s'embarrasse les ailes dans les lignes qu'on laisse flotter à l'arrière du vaisseau ; lorsqu'il est pris, et qu'on le met à terre sur le pont du navire, il ne fait que sauter sans pouvoir marcher ni prendre son essor au vol, et il en est de même de la plupart de ces oiseaux marins qui sans cesse volent et nagent au large ; ils ne savent pas marcher sur un terrain solide, et il leur est également impossible de s'élever pour prendre leur vol ; on remarque même que sur l'eau ils attendent, pour s'en séparer, l'instant où la lame et le vent les soulèvent et les lancent.

Quoique les damiers paraissent ordinairement en troupes au milieu des vastes mers qu'ils habitent, et qu'une sorte d'instinct social semble les tenir rassemblés, on assure qu'un attachement plus particulier et très-marqué tient unis le mâle et la femelle, qu'à peine l'un se pose sur l'eau, que l'autre aussitôt vient l'y joindre ; qu'ils s'invitent réciproquement à partager la nourriture que le hasard leur fait rencontrer ; qu'enfin, si l'un des deux est tué, la troupe entière donne à la vérité des signes de regret en s'abattant et demeurant quelques instans autour du mort, mais que celui qui survit donne des marques évidentes de tendresse et de douleur; il béquète le corps de son compagnon comme pour essayer de le ranimer, et il reste encore tristement et long-temps auprès du cadavre, après que la troupe entière s'est éloignée.

LE PÉTREL BLEU.

Le pétrel bleu, ainsi nommé parce qu'il a le plumage gris-bleu, aussi-bien que le bec et les pieds, ne se rencontre que dans les mers australes.

Ce qu'on remarque comme une chose particulière dans ces pétrels bleus, c'est la largeur de leur bec et la forte épaisseur de leur langue; dans la teinte de gris-bleu qui couvre tout le dessus du corps, on voit une bande plus foncée, coupant en travers les ailes et le bas du dos; le bout de la queue est aussi de cette même teinte bleu foncé ou noirâtre; le ventre et le dessous des ailes sont d'un blanc bleuâtre; leur plumage est épais et fourni. Les pétrels bleus qu'on voit dans cette mer immense, entre l'Amérique et la Nouvelle-

Zélande, dit M. Forster, ne sont pas moins à l'abri du froid que les pingouins ; deux plumes, au lieu d'une, sortent de chaque racine ; elles sont posées l'une sur l'autre, et forment une couverture très-chaude : comme ils sont continuellement en l'air, leurs ailes sont très-fortes et très-longues. Nous en avons trouvé entre la Nouvelle-Zélande et l'Amérique, à plus de sept cents lieues de terre, espace qu'il leur serait impossible de traverser, si leurs os et leurs muscles n'étaient pas d'une fermeté prodigieuse, et s'ils n'étaient point aidés par de longues ailes. »

Ces oiseaux navigateurs, continue-t-il, vivent peut-être un temps considérable sans alimens..... Notre expérience démontre, et confirme à quelques égards cette supposition ; lorsque nous blessions quelques-uns de ces pétrels, ils jetaient à l'instant une grande quantité d'alimens visqueux, digérés depuis peu ; que les autres avalaient sur-le-champ avec une avidité qui indiquait un long jeûne. Il est probable qu'il y a dans ces mers glaciales plusieurs espèces de mollusca qui montent à la surface de l'eau dans un beau temps, et qui servent de nourriture à ces oiseaux. »

Le même observateur retrouva ces pétrels en très-grand nombre, et rassemblés pour nicher, à la Nouvelle-Zélande. « Les uns volaient, d'autres étaient au milieu des bois dans des trous en terre, sous des racines d'arbres, dans les crevasses des rochers, où on ne pouvait les prendre, et où sans doute ils font leurs petits ; le bruit qu'ils faisaient, ressemblait au coassement des grenouilles ; aucun ne se montrait pendant le jour, mais ils volaient beaucoup pendant la nuit.

LE FULMAR ou PÉTREL PUFFIN, GRIS-BLANC DE L'ILE S.-KILDA.

Cet oiseau a quinze pouces de longueur, et pèse environ dix-sept onces. Le bec est très-fort, crochu et jaunâtre. La tête, le cou et le dessous du corps sont blancs ; le dos et les ailes gris cendré. La queue est blanche.

« Le fulmar, dit le docteur Martin, prend sa nourriture sur le dos des baleines vivantes ; son éperon lui sert à se tenir ferme, et à s'ancrer sur leur peau glissante, sans quoi il courrait risque d'être emporté par le vent. Si l'on veut le saisir ou même le toucher dans son nid, il jette par le bec une quantité d'huile, et la lance au visage de celui qui l'attaque. »

Le fulmer, suivant Othon Fabricius, se tient presque toujours en haute mer, et s'approche rarement de la côte du Groënland, si ce n'est quand il s'égare au milieu des brumes épaisses qui couvrent cette contrée polaire pendant une grande partie de l'année. Il fait sa proie de tous les animaux vivans dans les eaux de la mer; il se jette même sur les cadavres qui flottent à sa surface; il semble courir sur les vagues en étendant les ailes; quelquefois il s'y repose, et dans cette position, on l'approche aisément. C'est un mauvais gibier; d'une odeur très-désagréable. On le mange néanmoins au Groënland, cuit ou séché; sa graisse y sert à préparer d'autres mets, ou à brûler dans les lampes. On l'emploie aussi en médecine

L'OISEAU DE TEMPÊTE.

Quoique ce nom puisse convenir plus ou moins à tous les pétrels, c'est à celui-ci qu'il paraît avoir été donné de préférence, et spécialement par tous les navigateurs. Ce pétrel n'est pas plus gros qu'un pinson; c'est le plus petit de tous les oiseaux palmipèdes, et on peut être surpris qu'un aussi petit oiseau s'expose dans les hautes mers à toute distance de terre; il semble, à la vérité, conserver dans son audace, le sentiment de sa faiblesse, car il est des premiers à chercher un abri contre la tempête prochaine; il semble la pressentir par des effets de nature sensibles pour l'instinct, quoique nuls pour nos sens, et ses mouvemens et son approche l'annoncent toujours aux navigateurs.

Lorsqu'en effet on voit, dans un temps calme, arriver une troupe de ces petits pétrels à l'arrière du vaisseau, voler en même temps dans le sillage et paraître chercher un abri sous la poupe, les matelots se hâtent de serrer les manœuvres, et se préparent à l'orage qui ne manque pas de se former quelques heures après. Ainsi l'apparition de ces oiseaux en mer est à la fois un signe d'alarme et de salut ; et il semble que ce soit pour porter cet avertissement salutaire que la nature les a envoyés sur toutes les mers ; car l'espèce de cet oiseau de tempête paraît être universellement répandue : « On la trouve, dit M. Forster, également dans les mers du nord et dans celles du Sud, presque sur toutes les latitudes. » Plusieurs marins assurent qu'ils ont rencontré ces oiseaux dans toutes les routes de leurs navigations ; ils n'en sont pas pour cela plus faciles à prendre, et même ils ont échappé long-temps à la recherche des observateurs, parce que, lorsqu'on parvient à les tuer, on les perd presque toujours dans le flot du sillage, au milieu duquel leur petit corps est englouti.

Cet oiseau de tempête vole avec une vitesse singulière, au moyen de ses longues ailes, qui sont assez semblables à celles de l'hirondelle ; et il sait trouver des points de repos au milieu des flots tumultueux, et des vagues bondissantes ; on les voit se mettre à couvert dans le creux profond que forment entre elles deux hautes lames de la mer agitée, et s'y tenir quelques instans, quoique la vague y roule avec une extrême rapidité. Dans ces sillons mobiles de flots il court comme l'alouette dans les sillons des champs, et ce n'est pas par le vol qu'il se soutient et se meut, mais par une course dans laquelle, balancé sur ses ailes, il effleure et frappe de ses pieds avec une extrême vitesse, la surface de l'eau.

La couleur du plumage de cet oiseau est d'un brun noirâtre, ou d'un noir enfumé avec des reflets pourprés sur le devant du cou, et sur les couvertures des ailes, et d'autres reflets bleuâtres sur leur grandes pennes; le croupion est blanc; la pointe de ses ailes pliées et croisées dépasse la queue; ses jambes sont longues.

———

LE TRÈS-GRAND PÉTREL ,
QUEBRANTAHUESSOS DES ESPAGNOLS.

Quebrantahuessos veut dire *briseur d'os*; et cette dénomination est sans doute relative à la force du bec de ce grand oiseau, que l'on dit approcher en grosseur de l'albatros. Les matelots l'appellent *mere carey*. Ainsi que l'oiseau de tempête, il ne paraît près des vaisseaux qu'à l'approche du gros temps.

———

LES HIRONDELLES DE MER.

Dans le grand nombre de noms (dit M. de Buffon), transportés, pour la plupart sans raison, des animaux de la terre à ceux de la mer, il s'en trouve quelques-uns d'assez heureusement appliqués, comme celui d'hirondelle qu'on a donné à une petite famille d'oiseaux pêcheurs, qui ressemblent à nos hirondelles par leurs longues ailes et leur queue fourchue, et qui, par leur vol constant à la surface des eaux, représentent assez bien sur la plaine liquide les allures des hirondelles de terre dans nos campagnes, et autour de nos habitations. Non moins agiles et aussi vagabondes, les hirondelles de mer rasent les eaux d'une aile rapide, et enlèvent en volant les petits poissons qui sont à la surface de l'eau, comme nos hirondelles y saisissent les insectes. Ces rapports de forme et d'habitudes naturelles leur ont fait donner, avec quelque fondement, le nom d'*hirondelles*, malgré les différences essentielles de la forme du bec, et de la formation des pieds, qui, dans les hirondelles de mer, sont garnis de petites membranes retirées entre les doigts, et ne leur servent pas pour nager; car il semble que la nature n'ait confié ces oiseaux qu'à la puissance de leurs ailes, qui sont extrêmement longues et échancrées comme celles de nos hirondelles; ils en font le même usage pour planer, cingler, plonger dans l'air, en élevant, rabaissant, coupant, croisant leur vol de mille et mille manières, suivant que le caprice, la gaîté ou l'aspect de la proie fugitive dirigent leurs mouvemens; ils ne la saisissent qu'au vol, ou en se posant un instant sur l'eau sans la poursuivre à la nage; car ils n'aiment point à nager, quoique leurs pieds à demi membraneux puissent leur donner cette facilité. Ils résident ordinairement sur le rivage de la mer, et fréquentent aussi les lacs et les grandes rivières. Ces hirondelles de mer jettent en volant de grands cris aigus et perçans, comme les martinets, surtout lorsque par un temps calme elles s'élèvent en l'air à une grande hauteur, ou quand elles s'attroupent en été pour faire de grandes courses, mais particulièrement dans le temps des nichées; car elles sont alors plus inquiètes et plus clameuses que jamais. Elles répètent et redoublent incessamment leurs mouvemens et leurs cris; et comme elles sont toujours en très-grand nombre, l'on ne peut, sans en être assourdi, approcher de la plage où elles ont déposé leurs œufs ou rassemblé leurs petits. Elles arrivent par troupes sur nos côtes de l'Océan au commencement de mai; la plupart y demeurent, et n'en quittent pas les bords. D'autres voyagent plus loin, et vont chercher les lacs, les grands étangs, en suivant les rivières; partout elles vivent de petite pêche, et même quelques-unes gobent en l'air les insectes volans. Le bruit des armes à feu ne les effraie pas. Ce signal de danger, loin de les écarter, semble les attirer; car à l'instant où le chasseur en abat une dans la troupe, les autres se précipitent en foule à l'entour de leur compagne blessée, et tombent avec elle jusqu'à fleur d'eau. On remarque de même que nos hirondelles de terre arrivent quelquefois au coup de fusil, ou du moins qu'elles n'en sont pas assez émues pour s'éloigner beaucoup : cette habitude ne viendrait-elle pas d'une confiance aveugle? Ces oiseaux, emportés sans cesse par un un vol rapide, sont moins instruits que ceux qui sont tapis dans les sillons, ou perchés sur les arbres; ils n'ont pas appris comme eux à nous observer, nous reconnaître, et fuir leurs plus dangereux ennemis.

Au reste, les pieds de l'hirondelle de mer ne diffèrent de ceux de l'hirondelle de terre qu'en ce qu'ils sont à demi palmés; car ils sont de même très-courts, très-petits et presque inutiles pour la marche; les ongles pointus qui arment les doigts, ne paraissent pas plus nécessaires à l'hirondelle de mer qu'à celle de terre, puisque toutes deux saisissent également leur proie avec le bec. Celui des hirondelles de mer est droit, effilé en pointe, lisse, sans dentelures, et aplati par les côtés; les ailes sont si longues, que l'oiseau en repos paraît en être embarrassé, et que dans l'air il semble être tout ailé; mais si cette grande puissance de vol fait de l'hirondelle de mer un oiseau aérien, elle se présente comme un oiseau d'eau par ses autres attributs; car, indépendamment de la membrane échancrée entre les doigts, elle a, comme presque tous les oiseaux aquatiques, une petite portion de la jambe dénuée de plumes, et le corps revêtu d'un duvet fourni et très-serré.

Cette famille des hirondelles de mer est composée de plusieurs espèces, dont la plupart ont franchi les océans et peuplé leurs rivages. On les trouve depuis les mers, les lacs et les rivières du Nord, jusque dans les vastes plages de l'océan austral, et on les rencontre dans presque toutes les régions intermédiaires.

LE PIERRE-GARIN ou LA GRANDE HIRONDELLE DE MER.

Elle a près de seize pouces depuis le bout du bec jusqu'à l'extrémité de la queue, et presque deux pieds d'envergure ; sa taille fine et mince, le joli gris de son manteau, le beau blanc de tout le devant du corps, avec une calotte noire sur la tête, enfin, son bec et ses pieds rouges en font un bel oiseau.

Au retour du printemps, ces hirondelles, qui arrivent en grandes troupes sur nos côtes maritimes, se séparent en bandes, dont quelques-unes pénètrent dans l'intérieur des provinces, et peut-être plus loin, en suivant les rivières, et s'arrêtant sur les lacs et sur les grands étangs ; mais le gros de l'espèce reste sur les côtes, et se porte au loin sur les mers. M. Ray a observé que l'on a coutume d'en trouver en quantité à cinquante lieues au large des côtes les plus occidentales de l'Angleterre, et qu'au-delà de cette distance on ne laisse pas d'en rencontrer encore dans toute la traversée jusqu'à Madère ; qu'enfin cette grande multitude paraît se rassembler pour nicher aux Salvages, petites îles désertes peu distantes des Canaries.

Sur les côtes de Picardie, ces hirondelles de mer s'appellent pierre-garins. Ce sont, dit M. Baillon, des oiseaux aussi vifs que légers, des pêcheurs hardis et adroits, ils se précipitent dans la mer sur le poisson qu'ils guettent, et après avoir plongé, se relèvent, et souvent remontent en un instant à la même hauteur où ils étaient en l'air. Ils digèrent le poisson presque aussi promptement qu'ils le prennent, car il se fond en peu de temps dans leur estomac; la partie qui touche le fond du sac se dissout la première : l'on a observé ce même effet dans les hérons et dans les mouettes : mais, en tout, la force digestive est si grande dans ces hirondelles de mer, qu'elles peuvent aisément prendre un second repas une heure ou deux après le premier; elles se battent fréquemment en se disputant leur proie, et avalent des poissons plus gros que le pouce, et dont la queue leur sort par le bec. Celles que l'on prend, et qu'on nourrit quelquefois dans les jardins, ne refusent pas de manger de la chair; mais il ne paraît pas qu'elles y touchent dans l'état de liberté.

Ces oiseaux s'apparient, dès leur arrivée, dans les premiers jours de mai; chaque femelle dépose dans un petit creux, sur le sable nu, deux ou trois œufs fort gros en comparaison de sa taille; le canton de sable qu'elles choisissent pour cela est toujours à l'abri du vent du nord, et au-dessous de quelque petite dune ; si l'on approche de leurs nichées, les pères et mères se précipitent du haut de l'air, et arrivent à l'homme en jetant de grands cris redoublés d'inquiétude et de colère.

Leurs œufs ne sont pas tous de la même couleur ; les uns sont fort bruns, d'autres sont gris, et d'autres presque verdâtres (1) : apparemment ces derniers sont ceux des jeunes couples, car ils sont un peu plus petits, et l'on sait que dans tous les oiseaux dont les œufs sont teint, ceux des vieux ont les couleurs plus foncées, et sont un peu plus gros et moins pointus que ceux des jeunes, surtout dans les premières pontes : la femelle, dans cette espèce, ne couve que la nuit, et pendant le jour quand il pleut : elle abandonne ses œufs à la chaleur du soleil dans tous les autres temps.

« Lorsque le printemps est beau, dit M. Baillon, et surtout quand les nichées ont commencé par un temps chaud, les trois œufs qui composent ordinairement la ponte des pierres-garins, éclosent en trois jours consécutivement ; le pre-

______

(1) Ils passent pour être bons à manger.

mier pondu devance d'un jour le second , qui
de même devance le troisième, parce que le développement du germe , qui ne date dans celui-
ci que de l'instant de l'incubation commencée,
a été hâté dans les deux autres par la chaleur
du soleil qu'ils ont éprouvé sur le sable ; si le
temps a été pluvieux ou seulement nébuleux lors
de la ponte , cet effet n'arrive pas , et les œufs
éclosent ensemble. La même remarque a été faite
sur les œufs des alouettes et des pies de mer ,
et l'on peut croire qu'il en est encore de même
pour tous les oiseaux qui pondent sur le sable nu
des rivages.

« Les petits pierre-garins éclosent couverts d'un
duvet épais , gris-blanc et semé de quelques taches
noires sur la tête et le dos; ils se traînent et quittent
le nid dès qu'ils sont nés; le père et la mère leur
apportent de petits lambeaux de poissons, particulièrement du foie et des ouïes; la mère venant le
soir couver l'œuf non éclos, les nouveau-nés se
mettent sous ses ailes ; ces soins maternels ne du-
rent que peu de jours : les petits se réunissent pendant la nuit et se serrent les uns contre les autres ;
les père et mère ne sont pas long-temps non plus
à leur donner à manger dans le bec; mais sans
descendre chaque fois jusqu'à terre , ils laissent
tomber et font pour ainsi dire pleuvoir sur eux

la nourriture, les jeunes, déjà voraces, s'entre-battent et se la disputent entre eux en jetant des cris : cependant leurs parens ne cessent pas de veiller sur eux du haut de l'air; un cri qu'ils jettent en planant donne l'alarme, et à l'instant les petits demeurent immobiles, tapis sur le sable; ils se-raient alors difficiles à découvrir si les cris mêmes de la mère n'aidaient à les faire trouver; ils ne fuient pas, et on les ramasse à la main comme des pierres.

« Ils ne volent que plus de six semaines après qu'ils sont éclos, parce qu'il faut tout ce temps à leurs longues ailes pour croître, semblables en cela aux hirondelles de terre, qui restent plus long-temps dans le nid que tous les oiseaux de même grandeur, et en sortent mieux emplumés.

Les pierres-garins sont communs le long des côtes du Groënland, s'y font leur nid sur des îles basses et couvertes de mousse. On les y prend avec des collets ou des lacets de baleine que l'on tend à la surface de l'eau, près de gros morceaux de glace, et avec un morceau de poisson pour appât. On mange leur chair et leurs œufs, et leurs peaux servent aux vêtemens des peuplades de ces âpres climats; la peau rouge qui couvre leurs pieds se met aux lignes de pêche, afin d'attirer le poisson.

LA PETITE HIRONDELLE DE MER.

Cette petite hirondelle de mer ressemble si bien à la précédente pour les couleurs, qu'on ne la distinguerait pas sans une différence de taille considérable et constante entre ces deux espèces, celle-ci n'étant pas plus grosse qu'une alouette ; mais elle est aussi criarde, aussi vagabonde que la grande ; cependant elle ne refuse pas de vivre en captivité lorsqu'elle se trouve prise à l'embûche que, dès le temps de Belon, les pêcheurs lui dressaient sur l'eau, en faisant flotter une croix de bois au milieu de laquelle ils attachaient un petit poisson pour amorce, avec des gluaux fichés aux quatre coins, entre lesquels l'oiseau tombant sur sa proie empêtre ses ails. Ces petites hirondelles de mer fréquentent, ainsi que les grandes, les côtes de nos mers, les lacs et les rivières, et elles en partent de même aux approches de l'hiver.

Elles sont communes en Russie sur la mer Blanche et la mer Caspienne, aussi bien qu'en Sibérie le long de l'Irtische ; elles se montrent aussi sur les côtes de l'Amérique septentrionale.

L'HIRONDELLE DE MER NOIRE
ou L'ÉPOUVANTAIL.

Cette hirondelle pèse deux onces et demie. On lui a donné le nom d'épouvantail, apparemment à cause de la teinte obscure de cendré très-foncé qui lui noircit la tête, le cou et le corps; ses ailes seules sont du joli gris qui fait la livrée commune des hirondelles de mer. Son bec est noir, et ses petits pieds sont d'un rouge obscur; on distingue le mâle à une tache blanche placée sous la gorge.

Ces oiseaux n'ont rien de lugubre que le plumage, car ils sont très-gais, volent sans cesse, et font, comme les autres hirondelles de mer, mille tours dans les airs; ils nichent sur les roseaux dans les marais, et font trois ou quatre œufs d'un vert sale, avec des taches noirâtres qui forment une zône vers le milieu.

Cette espèce est commune en Angleterre, sur les bords des fleuves et dans les marais.

L'HIRONDELLE DE MER A GRANDE ENVERGURE,

Quoique ce caractère d'une grande envergure semble appartenir à toutes les hirondelles de mer, il peut néanmoins s'appliquer spécialement à celle-ci, qui, sans être plus grande de corps que l'hirondelle de mer commune, a deux pieds neuf pouces d'envergure; elle a sur le front un petit croissant blanc, avec le dessus de la tête et de la queue d'un beau noir, et tout le dessous du corps blanc; le bec et les pieds noirs. M. de Querhoënt a communiqué à M. de Buffon la notice suivante sur cette espèce qu'il a trouvée à l'île de l'Ascension: « Il est inconcevable combien il y a de ces hirondelles à l'Ascension; l'air en est quelquefois obscurci, et j'ai vu de petites plaines qu'elles couvraient entièrement; elles jettent continuellement des cris aigus et aigres, exactement semblables à ceux de la fresaie; elles ne sont pas craintives; elles volaient au-dessus de moi presque à me toucher; celles qui étaient sur leur nid ne s'envolaient point quand je les approchais, mais me donnaient de grands coups de bec quand je voulais les prendre: sur plus de six cents nids de ces oiseaux, je n'en ai vu que trois où il y eût deux petits ou deux œufs ; tous les autres n'en avaient qu'un ; ils les font à plate-terre, auprès de quelques tas de pierres, et tous les uns auprès des autres. Dans une partie de l'île où une troupe s'était établie, je trouvai dans tous les nids le petit déjà grand, et pas un seul œuf; le lendemain je rencontrai un autre établissement où il n'y avait dans chaque nid qu'un œuf qui commençait à être couvé, et pas un petit ; cet œuf, dont la grosseur me surprit, est jaunâtre avec des taches brunes et d'autres taches d'un violet pâle, plus multipliées au gros bout : ces oiseaux font sans doute plusieurs pontes par an. Les petits, dans leur premier âge, sont couverts d'un duvet gris-blanc ; quand on veut les prendre dans le nid, ils dégorgent aussitôt le poisson qu'ils ont dans l'estomac. »

D'autres navigateurs ont rencontré l'hirondelle à grande envergure sur les côtes et les îles de l'Amérique, à la Nouvelle-Hollande, à la Nouvelle-Galles du Sud, à la Nouvelle-Guinée, etc.

L'ABOUMRAS.

Cet oiseau doit être rangé au nombre de ceux qui rendent de grands services aux Egyptiens, en faisant leur pâture des petits animaux dont la multiplication serait effrayante dans un limon qu'un soleil ardent échauffe, si la nature n'y avait placé une sorte de barrière puissante et animée, formée d'ennemis de tout genre, doués d'un appétit destructeur, mais en même temps utile et nécessaire aux hommes. L'hirondelle de mer, qu'en Egypte on appelle *aboumras*, arrive en troupes au Caire même, dès le commencement de janvier ; elle se tient sur les bords du canal de Trajan, qui passe au milieu de cette grande ville, y cherche dans la fange que le Nil dépose, de petits poissons morts, des insectes sans ailes et d'autres immondices, et contribue ainsi à la salubrité d'un lieu que ses habitans ne savent que dégrader et rendre insupportable.

Hasselquitz a décrit le premier cette espèce : elle a la tête et le cou grisâtres, avec de petites taches noires, le tour des yeux noir et pointillé de blanc, le devant du cou et le ventre blancs, les ailes et la queue grises, les pieds rouges, le bec noir. Elle est grosse comme un pigeon.

L'HIRONDELLE DE MER RAYÉE.

Cet oiseau fréquente la mer et les rivages de la Nouvelle-Zélande. Sa couleur générale est le blanc ; le derrière de la tête, le haut du cou, et le bec sont noirs, et des raies transversales de la même couleur se dessinent en ondes sur le dessus du corps et des ailes ; les pennes de la queue sont bordées ou terminées de noir ; l'iris de l'œil et les pieds sont couleur de plomb.

———

LE BEC-EN-CISEAUX.

Le genre de vie (1), les habitudes et les mœurs dans les animaux ne sont pas aussi libres qu'on pourrait l'imaginer ; leur conduite n'est pas le produit d'une pure liberté de volonté, ni même un résultat de choix, mais un effet nécessaire qui dérive de la conformation, de l'organisation et de l'exer-

____

(1) M. de Buffon.

cice de leurs facultés physiques : déterminés et fixés chacun à la manière de vivre que cette nécessité leur impose et leur prescrit, nul ne cherche à l'enfreindre, et ne peut s'en écarter ; c'est par cette nécessité, tout aussi variée que leurs formes, que se sont trouvés peuplés tous les districts de la nature ; l'aigle ne quitte point ses rochers, ni le héron ses rivages ; l'un fond du haut des airs sur l'agneau qu'il enlève ou déchire par le seul droit que lui donne la force de ses armes, et par l'usage qu'il fait de ses serres cruelles ; l'autre, le pied dans la fange, attend, à l'ordre du besoin, le passage de la proie fugitive : le pic n'abandonne jamais la tige des arbres, à l'entour de laquelle il lui est ordonné de ramper ; la barge doit rester dans ses marais, l'alouette dans ses sillons, la fauvette dans ses bocages. Et ne voyons-nous pas tous les oiseaux granivores chercher les pays habités et suivre nos cultures ; tandis que ceux qui préfèrent à nos grains les fruits sauvages et les baies, constans à nous fuir, ne quittent pas les bois et les lieux escarpés des montagnes où ils vivent loin de nous et seuls avec la nature, qui d'avance leur a dicté ses lois et donné les moyens de les exécuter? Elle retient la gélinotte sous l'ombre épaisse des sapins ; le merle solitaire sur son rocher ; le loriot dans les forêts dont il fait retentir les échos, tandis que l'outarde va chercher les friches arides ; et le râle les humides prairies : ces lois de la nature sont des décrets éternels, immuables, aussi constans que la forme des êtres ; ce sont ces grandes et vraies propriétés qu'elle n'abandonne ni ne cède jamais, même dans les choses que nous croyons nous être appropriées ; car, de quelque manière que nous les ayons acquises, elles n'en restent pas moins sous son empire ; et n'est-ce pas pour le démontrer qu'elle nous a chargés de loger des hôtes importuns et nuisibles ; les rats dans nos maisons ; l'hirondelle sous nos fenêtres ; le moineau sur nos toits ; et lorsqu'elle amène la cigogne au haut de nos vieilles tours en ruine, où s'est déjà cachée la triste famille des oiseaux de nuit, ne semble-t-elle pas se hâter de reprendre sur nous des possessions usurpées pour un temps, mais qu'elle a chargé la main sûre des siècles de lui rendre ?

Ainsi, les espèces nombreuses et diverses des oiseaux, portées par leur instinct et fixées par leurs besoins dans les différens districts de la nature, se partagent, pour ainsi dire, les airs, la terre et les eaux ; chacune y tient sa place, et y jouit de son petit domaine et des moyens de subsistance que l'étendue ou le défaut de ses facultés restreint ou multiplie. Et comme tous les degrés de l'échelle des êtres, tous les points de l'existence possibles doivent être remplis, quelques espèces bornées à une seule manière de vivre, réduites à un seul moyen de subsister, ne peuvent varier l'usage des instrumens imparfaits qu'elles tiennent de la nature : c'est ainsi que les cuillers arrondies du bec de la spatule paraissent uniquement propres à ramasser les coquillages ; que la petite lanière flexible et l'arc rebroussée du bec de l'avocette la réduisent à vivre d'un aliment aussi mou que le frai des poissons ; que l'huîtrier n'a son bec en hache que pour ouvrir les écailles d'entre lesquelles il tire sa pâture, et que le bec-croisé pourrait à peine se servir de sa pince brisée, s'il ne savait l'appliquer pour soulever l'enveloppe en écaille qui recèle la graine des sapins ; enfin que l'oiseau nommé *bec-en-ciseaux* ne peut ni mordre de côté, ni ramasser devant soi, ni becqueter en avant, son bec étant composé de deux pièces excessivement inégales, dont la mandibule inférieure, allongée et avancée hors de toute proportion, dépasse de beaucoup la supérieure, qui ne fait que tomber sur celle-ci, comme un rasoir par son manche. Pour atteindre et saisir avec cet instrument disproportionné, et pour se servir d'un organe aussi défectueux, l'oiseau est réduit à raser en volant la surface de la mer, à la sillonner avec la partie inférieure du bec plongée dans l'eau, afin d'atrapper en dessous le poisson et l'enlever en passant. C'est de ce manége, ou plutôt de cet exercice nécessaire et pénible, le seul qui puisse le faire vivre, que l'oiseau a reçu le nom de *coupeur d'eau* de quelques observateurs, comme par celui de bec-en-ciseau on a voulu désigner la manière dont tombent l'une sur l'autre les deux moitiés inégales de son bec, dont celle d'en bas creusée en gouttière, relevée de deux bords tranchans, reçoit celle d'en haut qui est taillée en lame.

La pointe du bec est noire, et sa partie près de la tête est rouge, ainsi que les pieds qui sont conformés comme ceux des mouettes. Le bec-en-ciseaux est à peu près de la taille de la petite mouette cendrée; il a tout le dessous du corps, le devant du cou et le front blancs; il a aussi un trait blanc sur l'aile, dont quelques unes des pennes, ainsi que les latérales de la queue, sont en partie blanches; tout le reste du plumage est noir ou d'un brun-noirâtre.

On a trouvé ces oiseaux sur les côtes de la Caroline et sur celles de la Guiane : ils sont nombreux dans ce dernier parage, et paraissent en troupes, presque toujours au vol, ne s'abattant sur les vases que pour se reposer; quoique leurs ailes soient très-longues, on a remarqué que leur

vol est lent; s'il était rapide, il ne leur permet-
trait pas de discerner la proie qu'ils ne peuvent
enlever qu'en passant; suivant les observations
de M. de La Borde, ils vont dans la saison des
pluies nicher sur les îles, et particulièrement
sur le grand Connétable, près des terres de
Cayenne.

———

LES FOUS.

(1) Dans tous les êtres bien organisés, l'instinct
se marque par des habitudes suivies, qui toutes
tendent à leur conservation; ce sentiment les
avertit et leur apprend à fuir ce qui peut nuire
comme à chercher ce qui peut servir au maintien
de leur existence, et même aux aisances de la vie;
les oiseaux dont nous allons parler semblent n'a-
voir reçu de la nature que la moitié de cet instinct:
grands et forts, armés d'un bec robuste, pourvus
de longues ailes et de pieds entièrement et largement palmés, ils ont tous les attributs nécessaires

(1) Histoire naturelle de Buffon.

à l'exercice de leurs facultés, soit dans l'air ou dans l'eau; ils ont donc tout ce qu'il faut pour agir et pour vivre, et cependant ils semblent ignorer ce qu'il faut faire ou ne pas faire pour éviter de mourir. Répandus d'un bout du monde à l'autre, et des mers du Nord à celle du Midi, nulle part ils n'ont appris à connaître leur plus dangereux ennemi : l'aspect de l'homme ne les effraie ni ne les intimide ; ils se laissent prendre non-seulement sur les vergues des navires en mer, mais à terre sur les îlots et les côtes où on les tue à coups de bâton, et en grand nombre, sans que la troupe stupide sache fuir ni prendre son essor, ni même se détourner des chasseurs, qui les assomment l'un après l'autre. Cette indifférence au péril ne vient ni de fermeté, ni de courage, puisqu'ils ne savent ni résister ni se défendre, et encore moins attaquer, quoiqu'ils en aient tous les moyens tant par la force de leur corps que par celle de leurs armes; ce n'est donc que par imbécillité qu'ils ne se défendent pas, et de quelque cause qu'elle provienne, ces oiseaux sont plutôt stupides que fous; car on ne peut donner à la plus étrange privation d'instinct un nom qui ne convient tout au plus qu'à l'abus qu'on en fait.

Mais comme toutes les facultés intérieures et les qualités morales des animaux résultent de leur constitution, on doit attribuer à quelque cause physique cette incroyable inertie qui produit l'abandon de soi-même ; et il paraît que cette cause consiste dans la difficulté que ces oiseaux ont à mettre en mouvement leurs trop longues ailes : impuissance peut-être assez grande pour qu'il en résulte cette pesanteur qui les retient sans mouvement dans le temps même du plus pressant danger, et jusque sous les coups dont on les frappe.

Cependant lorsqu'ils échappent à la main de l'homme, il semble que leur manque de courage les livre à un autre ennemi qui ne cesse de les tourmenter : cet ennemi est l'oiseau appelé *la frégate* ; elle fond sur les fous dès qu'elle les aperçoit, les poursuit sans relâche, et les force à coups d'ailes et de bec à lui livrer leur proie, qu'elle saisit et avale à l'instant ; car ces fous, imbécilles et lâches, ne manquent pas de rendre gorge à la première attaque, et vont ensuite chercher une autre proie, qu'ils perdent souvent de nouveau par la même piraterie de la frégate.

Au reste, le fou pêche en planant, les ailes presque immobiles et tombant sur le poisson à l'instant qu'il paraît près de la surface de l'eau ; son vol, quoique rapide et soutenu, l'est infiniment moins que celui de la frégate : aussi les fous s'éloignent-ils beaucoup moins qu'elle au large, et leur rencontre en mer annonce assez sûrement aux navigateurs le voisinage de quelque terre. Néanmoins quelques-uns de ces oiseaux, qui fréquentent les côtes de notre nord, se sont trouvés dans les îles les plus lointaines et les plus isolées au milieu des océans ; ils y habitent par peuplades avec les mouettes, les oiseaux du tropique, etc., et la frégate, qui les poursuit de préférence, n'a pas manqué de les y suivre.

Dampier fait un récit curieux des hostilités de l'oiseau frégate qu'il appelle le *guerrier*, contre les fous qu'il nomme *boubie* (1), dans les îles Alcranes, sur la côte d'Yucatan. « La foule de ces oiseaux y est si grande, que je ne pouvais, dit-il, passer dans leur quartier sans être incommodé de leurs coups de bec ; j'observai qu'ils étaient rangés par couples, ce qui me fit croire que c'était le mâle et la femelle.... Les ayant frappés, quelques-uns s'envolèrent, mais le plus grand nombre resta ; ils ne s'envolaient point malgré les efforts que je faisais pour les y contraindre. Je remarquai aussi que les guerriers et les boubies laissaient toujours des gardes auprès de leurs petits, surtout

____

(1) Du mot anglais *booby*, sot, stupide.

dans le temps où les vieux allaient faire leur provision en mer ; on voyait un assez grand nombre
de guerriers malades ou estropiés, qui paraissaient hors d'état d'aller chercher de quoi se nourrir; ils ne demeuraient pas avec les oiseaux de leur
espèce, et soit qu'ils fussent exclus de la société,
soit qu'ils s'en fussent séparés volontairement, ils
étaient dispersés en divers endroits pour y trouver apparemment l'occasion de piller. J'en vis un
jour plus de vingt sur une des îles, qui faisaient
de temps en temps des sorties en pleine campagne
pour enlever du butin, mais ils se retiraient
presque aussitôt; celui qui surprenait une jeune
boubie sans être en garde, lui donnait d'abord
un grand coup de bec sur le dos pour lui faire
rendre gorge, ce qu'elle faisait à l'instant; elle
rendait un poisson ou deux de la grosseur d'un
poignet, et le vieux guerrier l'avalait encore plus
vite. Les guerriers vigoureux jouent le même tour
aux vieilles boubies qu'ils trouvent en mer; j'en
vis un qui vola droit contre une boubie, et d'un
coup de bec lui fit rendre un poisson qu'elle venait d'avaler; le guerrier fondit si rapidement
dessus, qu'il s'en saisit en l'air avant qu'il fût
tombé dans l'eau. »

Catesby décrit différemment les combats du fou
et de son ennemi qu'il appelle *le pirate*. « Ce der-

nier, dit-il, ne vit que de la proie des autres, et surtout du fou ; dès que le pirate s'aperçoit qu'il a pris un poisson, il vole avec fureur vers lui et l'oblige de se plonger sous l'eau pour se mettre en sûreté ; le pirate ne pouvant le suivre, plane sur l'eau jusqu'à ce que le fou ne puisse plus respirer ; alors il l'attaque de nouveau ; le fou, las et hors d'haleine, est obligé d'abandonner son poisson ; il retourne ensuite à la pêche pour souffrir de nouveaux assauts de son infatigable ennemi. »

C'est avec les cormorans que les fous ont le plus de rapport par la figure et l'organisation, excepté qu'ils n'ont pas le bec terminé en croc, mais en pointe légèrement courbée ; ils en diffèrent encore en ce que leur queue ne dépasse point les ailes ; ils ont les quatre doigts unis par une seule pièce de membrane ; l'ongle de celui du milieu est dentelé intérieurement en scie ; les yeux sont entourés d'une peau nue ; le bec droit, conique, est un peu crochu à son extrémité, et les bords sont finement dentelés ; les narines ne sont point apparentes ; on ne voit à leur place que deux ramures en creux ; mais ce que ce bec a de plus remarquable, c'est que sa moitié supérieure est articulée et faite de trois pièces, jointes par deux sutures, dont la première se trace vers la pointe qu'elle fait paraître comme un onglet détaché ;

l'autre se marque vers la base du bec près de la tête, et donne à cette moitié supérieure la faculté de se briser et s'ouvrir en haut, en relevant sa pointe à plus de deux pouces de celle de la mandibule inférieure.

Ces oiseaux jettent un cri fort qui participe de ceux du corbeau et de l'oie, et c'est surtout quand la frégate les poursuit qu'ils font entendre ce cri, ou lorsque, étant rassemblés, ils sont saisis de quelque frayeur subite : au reste, ils portent en volant le cou tendu et la queue étalée ; ils ne peuvent bien prendre leur vol que de quelque point élevé : aussi se perchent-ils comme les cormorans. Dampier remarque même qu'à l'île d'Aves ils nichent sur les arbres, quoique ailleurs on les voie nicher à terre, et toujours en grand nombre dans un même quartier ; car, une communauté, non d'instinct, mais d'imbécillité, semble les rassembler ; ils ne pondent qu'un œuf ou deux ; les petits restent long-temps couverts d'un duvet très-doux et blanc dans la plupart ; mais le reste des particularités qui peuvent concerner ces oiseaux, doit trouver sa place dans l'énumération de leurs espèces.

LE FOU COMMUN.

Cet oiseau, dont l'espèce paraît être la plus commune aux Antilles, est d'une taille moyenne entre celle du canard et de l'oie; sa longueur, du bout du bec à celui de la queue, est de deux pieds cinq pouces, et d'un pied onze pouces au bout des ongles; son bec a quatre pouces et demi, et sa queue près de dix; la peau nue qui entoure les yeux est jaune, ainsi que la base du bec dout la pointe est brune; les pieds sont d'un jaune pâle; le ventre est blanc; tout le reste du plumage est d'un cendré brun.

Quelques voyageurs semblent avoir désigné cette espèce de fous par le nom d'*oiseau fauve*. Sa chair est noire et sent le marécage; cependant les matelots et les aventuriers des Antilles s'en sont nourris quelquefois faute de mieux. Dampier raconte qu'une petite flotte française, qui échoua sur l'île d'Aves, tira parti de cette ressource, et fit une telle consommation de ces oiseaux, que le nombre en diminua beaucoup dans cette île. Il paraît que cette même espèce se rencontre sur la côte du Brésil et aux îles Bahama, où l'on assure qu'ils pondent tous les mois de l'année deux ou

trois œufs, ou quelquefois un seul sur la roche
toute nue.

Bartram dit que les fous communs arrivent au
printemps dans la Caroline, venant du midi; qu'ils
y couvent, y élèvent leurs petits, et retournent
vers le sud aux approches de l'hiver; mais qu'ils
ne vont jamais jusqu'en Pensylvanie ni dans les
états du Nord.

LE GRAND FOU.

Cet oiseau, le plus grand de son genre, est de
la grosseur de l'oie, et il a six pieds d'envergure;
son plumage est d'un brun foncé et semé de petites taches blanches sur la tête, et de taches plus
larges sur la poitrine et le dos; le ventre est d'un
blanc terne; le mâle a les couleurs plus vives que
la femelle.

Cet oiseau se trouve sur les côtes de la Floride et sur les grandes rivières de cette contrée.
« Il se submerge, dit Catesby, et reste un temps
considérable sous l'eau, où j'imagine qu'il rencontre des requins ou d'autres grands poissons voraces qui souvent l'estropient ou le dévorent; car

plusieurs fois il m'est arrivé de trouver sur le rivage de ces oiseaux estropiés ou morts. »

. Un individu de cette espèce fut pris dans les environs de la ville d'Eu, le 18 octobre 1772; surpris très-loin en mer par le gros temps, un coup de vent l'avait sans doute amené et jeté sur nos côtes; l'homme qui le trouva n'eût, pour s'en rendre maître, d'autre peine que celle de lui jeter son habit sur le corps. On le nourrit pendant quelque temps; les premiers jours il ne voulait pas se baisser pour prendre le poisson qu'on mettait devant lui, et il fallait le présenter à la hauteur de son bec pour qu'il s'en saisît; il était toujours accroupi, et ne voulait pas marcher; mais peu après, s'accoutumant au séjour de la terre, il marcha, devint assez familier, et même se mit à suivre son maître avec importunité, en faisant entendre de temps en temps un cri aigre et rauque.

LE FOU DE BASSAN.

Cᴇᴛ oiseau est de la grosseur d'une oie; il a près
de trois pieds de long, et pèse environ sept livres.
Il est tout blanc, à l'exception des plus grandes
pennes de l'aile, qui sont brunes et noirâtres, et
du derrière de la tête, qui paraît teint de jaune;
la peau nue du tour des yeux est d'un beau bleu,
ainsi que le bec qui a jusqu'à six pouces de long,
et qui s'ouvre au point de donner passage à un
poisson de la taille d'un gros maquereau; il y
a sous le menton une poche semblable à celle
du pélican, capable de contenir cinq ou six harengs.

On rencontre ces oiseaux aux îles de Feroë,
aux îles Hébrides, en Islande, en Norwège, à
la Caroline, etc.; mais ils sont surtout très-communs dans la petite île de Bass ou Bassan, qui
n'est qu'un très-grand rocher dans le golfe d'É-
dimbourg: ils y nichent une fois l'an, et ne pondent qu'un œuf; le peuple dit qu'ils le couvent
simplement en posant dessus un de leurs pieds;
cette idée a pu venir de la largeur du pied de ce
oiseau; il est largement palmé, et le doigt du milieu ainsi que l'extérieur ont chacun près de qua-

tre pouces de longueur , et tous les quatre sont engagés par une pièce entière de membrane ; la peau n'est point adhérente aux muscles , ni collée sur le corps ; elle n'y tient que par de petits faisceaux de fibres placés à distances inégales , comme d'un à deux pouces , et capables de s'allonger d'autant ; de manière qu'en tirant la peau flasque , elle s'étend comme une membrane , et qu'en la soufflant elle s'enfle comme un ballon. C'est l'usage que sans doute en fait l'oiseau pour renfler son volume et se rendre par là plus léger dans son vol ; néanmoins on ne découvre pas de canaux qui communiquent du thorax à la peau ; mais il se peut que l'air y parvienne par le tissu cellulaire , comme dans plusieurs autres oiseaux.

Ces oiseaux , qui arrivent au printemps pour nicher dans les îles du nord , les quittent en automne , descendent plus au midi , et se rapprochent sans doute du gros de leurs espèces qui ne quittent pas les régions méridionales : peut-être même , si les migrations de cette dernière espèce étaient mieux connues , trouverait-on qu'elle se rallie et se réunit avec les autres espèces , sur les côtes de la Floride , rendez-vous général des oiseaux qui descendent de notre nord , et qui ont assez de puissance de vol pour traverser les mers d'Europe en Amérique.

Ces oiseaux ne se nourrissent que de poissons et particulièrement de harengs ; la chair des vieux est dure et de mauvais goût ; mais celle des jeunes, qui sont toujours très-gras, est assez bonne et très-estimée des naturels de l'île de S.-Kilda, qui vont les dénicher au péril de leur vie, en se suspendant à des cordes pour grimper et descendre le long des rochers.

Ces oiseaux cherchent, pour placer leur nid, les endroits les plus inaccessibles et les rochers les plus escarpés ; néanmoins les habitans des îles Feroë savent les dénicher malgré le danger de cette opération. « J'ai moi-même été témoin, dit M. Horrebow, de la manière dont on s'y prend, et je dois avouer que je n'ai pu voir sans frémir avec quelle intrépidité des hommes y risquent leur vie ; car il arrive quelquefois que plusieurs de ces chasseurs aux œufs tombent dans la mer ou dans les précipices sur lesquels ils sont obligés de se suspendre. On attache le plus solidement qu'on peut, au haut du rocher, une solive qui reste saillante le plus qu'il est possible ; elle porte une poulie et une corde, au moyen desquelles un homme lié par le milieu du corps descend tout le long des rochers ; il tient une longue perche armée d'un crochet de fer ; pour s'accrocher aux rochers et se diriger à son gré ; à un signal, les hommes qui sont sur le rocher retirent celui-ci, qui fait à chaque fois une récolte de cent où deux cents œufs : la promenade se continue tant qu'on trouve des œufs, ou tant qu'il est possible de supporter cette suspension, qui devient très-fatigante. Pendant cette chasse, on voit les oiseaux s'envoler par milliers, en poussant des cris affreux. Les habitans des endroits où cette chasse est praticable, en retirent un grand bénéfice; car, outre les œufs, ils enlèvent aussi une grande quantité de jeunes oiseaux, dont les uns servent de nourriture, et les autres donnent beaucoup de plumes qui se vendent aux négocians danois.

LE COURLIS.

Les noms composés des sons imitatifs de la voix, du chant, des cris des animaux, sont pour ainsi dire les noms de la nature; ce sont aussi ceux que l'homme a imposés les premiers; les langues sauvages nous offrent mille exemples de ces noms donnés par instinct; et le goût, qui n'est qu'un instinct plus exquis, les a conservés plus ou moins dans les idiomes des peuples policés, et surtout dans la langue grecque, plus pittoresque qu'aucune autre, parce qu'elle peint en dénommant. La courte description qu'Aristote fait du courlis n'aurait pas suffi sans son nom *elorios*, pour le reconnaître et le distinguer des autres oiseaux. Les noms français *courlis*, *turlis*, sont des mots imitatifs de sa voix ; et dans d'autres langues, ceux de *curlem*, *caroli*, *tarlino*, etc. s'y rapportent de même ; mais les dénominations d'*arguata* et de *falcinellus* sont prises de la courbure de son bec arqué en forme de faux ; il en est de même du nom *numenius*, dont l'origine est dans le mot *néoménie*, temps du croissant de la lune ; ce nom a été appliqué au courlis, parce que son bec est à peu près en forme du croissant. Les Grecs modernes l'ont appelé *macrimiti*, ou long nez, parce qu'il a le bec très-long, relativement à la grandeur de son corps ; ce bec est assez grêle, sillonné de rainures, également courbé dans toute sa longueur, et terminé en pointe ; il est faible et d'une substance tendre, et ne paraît propre qu'à tirer les vers de la terre molle ; par ce caractère les courlis pourraient être placés à la tête de la nombreuse tribu d'oiseaux à longs becs effilés, tels que les bécasses, les barges, les chevaliers, etc., qui sont autant oiseaux de marais que de rivage, et qui, n'étant point armés d'un bec propre à saisir ou percer les poissons, sont obligés de s'en tenir aux vers et aux insectes qu'ils fouillent dans la vase et dans les terres humides et limoneuses.

Le courlis a le cou et les pieds longs ; les jambes en partie nues, et les doigts engagés vers leur onction par une portion de membrane ; il est à peu près de la grosseur d'un chapon ; sa longueur totale est d'environ deux pieds ; celle de son bec de cinq à six pouces, et son envergure de plus de trois pieds ; tout son plumage est un mélange de gris blanc, à l'exception du ventre et du croupion, qui sont entièrement blancs ; le brun est tracé par pinceaux sur toutes les parties supérieures ; et chaque plume est frangée de gris-blanc ou de roussâtre ; les grandes pennes de l'aile sont d'un brun noirâtre ; les plumes du dos ont le lustre de la soie ; celles du cou sont duvetées, et celles de la queue, qui dépassent à peine les ailes pliées, sont comme les moyennes de l'aile coupées de blanc et de brun noirâtre : il y a peu de différence entre le mâle et la femelle, qui est seulement un peu plus petite.

Quelques naturalistes ont dit que, quoique la chair du courlis sente le marais, elle ne laisse pas d'être fort estimée, et mise par quelques-uns au premier rang entre les oiseaux aquatiques. Le courlis se nourrit de vers de terre, d'insectes, de menus coquillages qu'il ramasse sur les sables et les vases de la mer, ou sur les marais et dans les prairies humides ; Il a la langue très-courte et cachée au fond du bec ; on lui trouve de petites pierres, et quelquefois des graines dans le ventricule, qui est musculeux comme celui des granivores.

Ces oiseaux courent très-vite, et volent en troupes. Ils sont de passage en France, et s'arrêtent à peine dans les provinces intérieures ; mais ils séjournent dans les contrées maritimes, comme en Poitou, en Aunis et Bretagne, le long de la Loire, où ils nichent. En Angleterre, ils n'habitent les côtes de la mer qu'en hiver, et en été ils vont nicher dans l'intérieur du pays, vers les montagnes. En Allemagne, ils n'arrivent que dans la saison des pluies et par de certains vents ; car les noms qu'on leur donne dans les différens dialectes de la langue allemande, ont tous rapport aux vents, aux pluies et aux orages ; on en voit dans l'automne en Silésie, et ils se portent en été jusqu'à la mer Baltique et au golfe de Bothnie ; on les trouve également en Italie et en Grèce, et il paraît que leurs migrations s'étendent au-delà de la mer Méditerranée ; car ils passent à Malte deux fois l'année, au printemps et en automne ;

d'ailleurs les voyageurs ont rencontré des courlis dans presque toutes les parties du monde.

LE COURLIS A TÊTE NUE.

L'espèce de ce courlis est nouvelle et très-singulière ; sa tête est entièrement nue , et le sommet en est relevé par une sorte de bourlet, couché et relevé en arrière, de cinq lignes d'épaisseur et recouvert d'une peau très-rouge, très-mince et sous laquelle on sent immédiatement la protubérance osseuse qui forme le bourlet ; le bec est du même rouge que ce couronnement de la tête ; le haut du cou et le devant de la gorge sont aussi dénués de plumes. Cet oiseau a la forme du courlis d'Europe, sa taille est seulement plus forte et plus épaisse ; son plumage, sur un fond noir, offre dans les pennes de l'aile des reflets de vert et de pourpre changeans : les petites couvertures sont d'un violet pourpré assez foncé, mais plus léger sur le dos, le cou et le dessous du corps ; les pieds et la partie nue de la jambe, sur la longueur d'un pouce, sont rouges comme le bec, qui est long de quatre pouces neuf lignes. Ce courlis, mesuré de la pointe du bec à l'extrémité de la queue, a deux pieds un pouce, et un pied et demi de hauteur dans son attitude naturelle.

LE COURLIS ROUGE.

Le plumage de cet oiseau est écarlate, à l'exception de la pointe des premières pennes de l'aile, qui est noire; les pieds, la partie nue des jambes et le bec sont rouges, ainsi que la peau nue qui couvre le devant de la tête depuis l'origine du bec jusqu'au-delà des yeux; le plumage de la femelle est d'un rouge moins vif que celui du mâle : mais l'un et l'autre ne prennent qu'avec l'âge cette belle couleur : leurs petits naissent couverts d'un duvet noirâtre : ils deviennent ensuite cendrés, puis blancs, lorsqu'ils commencent à voler; et ce n'est que dans la seconde ou troisième année que ce beau rouge paraît par nuances successives, et prend plus d'éclat à mesure qu'ils avancent en âge.

Ces oiseaux sont communs dans l'Amérique méridionale et surtout à la Guiane; ils se tiennent en troupes, soit en volant, soit en se posant sur les arbres où, par leur nombre et leur couleur de feu, ils offrent le plus beau coup-d'œil; leur vol est soutenu et même assez rapide, mais ils ne se mettent en mouvement que le matin et le soir. Pendant la chaleur du jour, ils se tiennent au frais sous les palétuviers. On ne voit guère un de ces courlis seul, ou si quelqu'un s'est détaché de la troupe, il ne tarde pas à la rejoindre; mais ces attroupemens sont distingués par âges, et les vieux tiennent assez ordinairement leurs bandes séparées de celles des jeunes : les couvées commencent en janvier et finissent en mai; ils déposent leurs œufs sur les grandes herbes qui croissent sous les palétuviers, ou dans les broussailles; es œufs sont verdâtres. On prend aisément les petits à la main, lors même que la mer les conduit à terre pour chercher les insectes et les petits crabes dont ils font leur première nourriture; ils ne sont point farouches et s'habituent facilement à vivre à la maison. « J'en ai élevé un, dit M. de Laborde, que j'ai gardé pendant plus de deux ans; il prenait de ma main ses alimens avec beaucoup de familiarité, et ne manquait jamais l'heure du déjeûner ni du dîner; il mangeait du pain, de la viande crue, cuite ou salée, du poisson ; tout l'ac-commodait : il donnait cependant la préférence aux entrailles de poisson et de volaille, et pour les recueillir il avait soin de faire souvent un tour à la cuisine ; hors de là il était continuellement occupé autour de la maison à chercher des vers de terre, ou dans un jardin à suivre le labour du Nègre jardinier ; le soir il se retirait de lui-même dans un poulaillier où couchait une centaine de volailles ; il se juchait sur la plus haute barre, chassait à coups de bec toutes les poules qui voulaient s'y placer, et s'amusait souvent pendant la nuit à les inquiéter ; il s'éveillait de grand matin, et commençait par faire trois ou quatre tours au vol autour de la maison ; quelquefois il allait jusqu'au bord de la mer, mais sans s'y arrêter. Je ne lui ai entendu d'autre cri qu'un petit croassement qui paraissait une expression de frayeur à la vue d'un chien ou d'un autre animal ; il avait pour les chats beaucoup d'antipathie sans les craindre ; il fondait sur eux avec intrépidité et à grands coups de bec. Il a fini par être tué tout près de la maison, sur une mare, par un chasseur, qui le prit pour un courlis sauvage. »

Le récit de M. de Laborde s'accorde assez avec le témoignage de Laët, qui ajoute qu'on a vu quelques-uns de ces oiseaux s'unir et produire

en domesticité ; il serait donc aussi facile qu'a-
gréable d'élever et de multiplier cette belle espèce
qui ferait l'ornement des basses-cours, et peut-
être, ajouterait aux délices de la table ; car la chair
de cet oiseau, déjà bonne à manger, pourrait
encore se perfectionner, et perdre, avec une nourriture nouvelle, le petit goût de marais qu'on y
trouve, outre que, s'accommodant de toutes sortes
d'alimens et de tous les débris de la cuisine, il
ne coûterait rien à nourrir.

LE GRAND PLUVIER,
VULGAIREMENT APPELÉ COURLIS DE TERRE.

Cet oiseau est beaucoup plus grand que le pluvier doré ; il est même plus gros que la bécasse ;
ses jambes épaisses ont un renflement marqué au-
dessous du genou, qui paraît gonflé ; caractère
d'après lequel Belon l'a nommé *jambe enflée :*
il n'a, comme le pluvier, que trois doigts fort
courts, unis par une légère membrane ; ses jambes

et ses pieds sont jaunes ; son bec est jaunâtre depuis son origine jusque vers le milieu de sa longueur, et noirâtre jusqu'à son extrémité ; il est de la même forme, mais plus gros que celui du pluvier ; tout le plumage, sur un fond gris-blanc et gris-roussâtre, est parsemé de mouchetures brunes et noirâtres, distinctes sur le cou et la poitrine, et plus confuses sur le dos et sur les ailes, qui sont traversées d'une bande blanchâtre ; deux traits de blanc-roux passent dessus et dessous l'œil ; le fond est de couleur roussâtre sur le dos et le cou, et il est blanc sous le ventre, qui n'est point moucheté.

Cette oiseau a l'aile grande ; il part de loin, surtout pendant le jour, et vole alors assez bas près de terre ; il court sur les pelouses et dans les champs aussi vite qu'un chien, et c'est de là qu'en quelques provinces de France on lui a donné le nom d'*arpenteur* ; il s'arrête tout court après avoir couru, tenant son corps et sa tête immobiles, et au moindre bruit il se tapit contre terre ; les mouches, les scarabées, les petits limaçons et autres coquillages terrestres, sont le fond de sa nourriture. Il ne se tient guère que sur les collines, et il habite de préférence les terres pierreuses, sablonneuses et sèches. Dans la Beauce, dit M. Salerne, une mauvaise terre s'appelle *une terre à courlis*. Ces oiseaux, solitaires et tranquilles pendant la journée, se mettent en mouvement à la chute du jour; ils se répandent alors de tous côtés, en volant rapidement et criant de toutes leurs forces sur les hauteurs; leur voix qui s'entend de très-loin, est un son plaintif semblable à celui d'une flûte, et prolongé sur trois ou quatre tons, en montant du grave à l'aigu; ils ne cessent de crier pendant la plus grande partie de la nuit, et c'est alors qu'ils se rapprochent de nos habitations.

Ces habitudes nocturnes semblent indiquer que cet oiseau voit mieux la nuit que le jour; cependant il est certain que sa vue est très-perçante pendant le jour; d'ailleurs la position de ses gros yeux le met en état de voir par-derrière comme par-devant; il découvre le chasseur d'assez loin pour se lever et partir bien avant que l'on ne soit à portée de le tirer. C'est un oiseau aussi sauvage que timide; la peur seule le tient immobile durant le jour, et ne lui permet de se mettre en mouvement et de se faire entendre qu'à l'entrée de la nuit; ce sentiment de crainte est même si dominant que, quand on entre dans une chambre où on le tient renfermé, il ne cherche qu'à se cacher, à fuir, et va, dans son effroi, donner tête baissée et se heurter contre tout ce qui se rencontre. On prétend que cet oiseau sait pressentir les changemens de temps et qu'il annonce la pluie. Gessner a remarqué que même en captivité il s'agite beaucoup avant l'arrivée d'un orage.

Le temps du départ de ces oiseaux et la saison de leur séjour, ne sont pas les mêmes que pour les pluviers ; ils partent en novembre pendant les dernières pluies d'automne ; mais avant d'entreprendre le voyage, il se réunissent en troupes de trois ou quatre cents à la voix d'un seul qui les appelle , et leur départ se fait pendant la nuit. On les revoit de bonne heure au printemps. La femelle ne pond que deux ou trois œufs sur la terre nue entre les pierres ou dans un petit creux qu'elle forme sur le sable. Le mâle , pendant le temps de l'incubation , ne la quitte pas ; il l'aide à conduire ses petits , à les promener, et à leur apprendre à distinguer leur nourriture ; cette éducation est même longue , car quoique les petits marchent et suivent leurs père et mère , peu de temps après qu'ils sont nés , ils ne prennent que tard , assez de forces dans l'aile pour pouvoir voler.

« J'ai eu pendant un mois ou cinq semaines , dit M. de Buffon, un de ces oiseaux à ma campagne ; on le nourrissait de soupe , de pain et de viande cuite ; il aimait ce dernier mets de préférence aux autres ; il mangeait non-seulement pendant le jour , mais aussi pendant la nuit ; car après lui avoir donné le soir sa provision de nourriture, on a remarqué que le lendemain matin elle était fort diminuée. »

Ces oiseaux sont assez communs en Angleterre, dans le comté de Norfolk, et dans le pays de Cornouailles.

LA BARGE ABOYEUSE.

Cet oiseau a deux pieds de longueur depuis le bout du bec jusqu'à l'extrémité de la queue, et trois pieds d'envergure ; la tête et le cou sont bruns, tachetés de noir : le dos et les couvertures des ailes d'un brun rougeâtre ; le dessous du corps est d'un blanc sale mêlé de jaune ; les plumes de la queue sont rayées transversalement de blanc et de noirâtre : les jambes et les pieds sont d'un brun teint de jaune et de vert.

Cette barge habite les marécages des côtes maritimes de l'Europe, tant de l'Océan que de la Méditerranée ; on la trouve dans les marais salans, et comme les autres barges elle est timide et fuit de loin ; elle ne cherche aussi sa nourriture que pendant la nuit. Son cri ressemble, dit-on, à l'aboiement d'un chien, ce qui lui a fait donner le nom d'*aboyeuse*.

LE HÉRON BLANC

Il a trois pieds et demi de longueur et quatre d'envergure ; le bec est très-long et jaunâtre ; le cou, long de douze pouces, est courbé et ressemble à une S ; le plumage est entièrement blanc ; les cuisses, les jambes et les pieds sont couverts de larges écailles d'un bleu noirâtre ; les ongles, au nombre de quatre (dont un est tourné en arrière), sont noirs.

Cet oiseau se nourrit de petits poissons et d'insectes, et fréquente les étangs et les marais salés.

C'est vraisemblablement du héron blanc que parle Thunberg dans son Voyage au Japon. « Cette belle espèce, dit-il, nettoie les champs des vers et des insectes malfaisans ; ils sont si apprivoisés qu'ils suivent pour ainsi dire pas à pas les cultivateurs qui bèchent ou labourent leurs terres. Les services que rendent ces oiseaux leur servent de sauvegarde, et personne ne songe à les effrayer ni à les inquiéter. C'est à cette bienveillance générale pour eux que j'attribuai leur familiarité. »

LES CRABIERS.

Ces oiseaux sont des hérons encore plus petits que l'aigrette d'Europe : on leur a donné le nom de *crabiers*, parce qu'il y en a quelques espèces qui se nourrissent de crabes de mer, et prennent des écrevisses dans les rivières : ils mangent aussi du poisson qu'ils pêchent sur le bord des eaux douces, ainsi que les hérons. Ils sont répandus dans les deux hémisphères ; on en connaît neuf espèces dans l'ancien continent, et treize dans le nouveau.

LE CRABIER BLEU.

Ce crabier est très-singulier en ce qu'il a le bec bleu comme tout le plumage ; en sorte que, sans ses pieds verts, il serait entièrement bleu ; les plumes du cou et de la tête ont un beau reflet sur bleu ; celles du bas du cou, du derrière de la tête et du bas du dos sont minces et pendantes ; ces dernières ont jusqu'à un pied de long, elles couvrent la queue, et la dépassent de quatre doigts ; l'oiseau est un peu moins gros qu'une corneille et pèse quinze onces ; on en voit quelques-uns à la Caroline, et seulement au printemps ; néanmoins Catesby ne paraît pas croire qu'ils y fassent leurs petits, et il dit qu'on ignore d'où ils viennent.

Ces oiseaux se nourrissent de chevrettes, de crabes, d'araignées et de grillons des champs. Ils fréquentent les étangs et les lieux marécageux.

L'ANHINGA.

« La régularité des formes (1), l'accord des proportions et les rapports de l'ensemble de toutes les parties, donnent aux animaux ce qui fait à nos yeux la grâce et la beauté ; si leur rang près de nous n'est marqué que par ces caractères, si nous ne les distinguons qu'autant qu'ils nous plaisent, la nature ignore ces distinctions ; et il suffit, pour qu'ils lui soient chers, qu'elle leur ait donné l'existence et la faculté de se multiplier ; elle nourrit

---

(1) Buffon.

également au désert l'élégante gazelle et le dif-
forme chameau, le joli chevrotin et la gigantes-
que girafe; elle lance à la fois dans les airs l'aigle
superbe et le hideux vautour; elle cache sous terre
et dans l'eau mille générations d'insectes de formes bizarres et disproportionnées; enfin elle ad-
met les composés les plus disparates; pourvu que
par les rapports résultant de leur organisation,
ils puissent subsister et se reproduire : c'est ainsi
que, sous la forme d'une feuille, elle fait vivre
les mantes; que sous une coque sphérique, pa-
reille à celle d'un fruit, elle emprisonne les our-
sins; qu'elle filtre la vie et la ramifie, pour ainsi
dire, dans les branches de l'étoile de mer; qu'elle
aplatit en marteau la tête de la zigène, et arrondit en globe épineux le corps entier du poisson
lune.

« Mille autres productions, de figures non
moins étranges, ne nous prouvent-elles pas que
cette mère universelle a tout tenté pour enfan-
ter, pour répandre la vie et l'étendre à toutes
les formes possibles? Non contente de varier le
trait primitif de son dessein dans chaque genre, en le fléchissant sous les contours auxquels
il pouvait se prêter, ne semble-t-elle pas avoir
voulu tracer d'un genre à un autre, et même
de chacun à tous les autres, des lignes de com-

munication, des fils de rapprochement et de jonction, au moyen desquels rien n'est coupé, et tout s'enchaîne, depuis le plus riche et le plus hardi de ses chefs-d'œuvre, jusqu'aux plus simples de ses essais ? Ainsi, dans l'histoire des oiseaux, nous avons vu l'autruche, le casoar, le dronte, par le raccourcissement des ailes et la pesanteur du corps, par la grosseur des osse-mens de leurs jambes, faire la nuance entre les animaux de l'air et ceux de la terre ; le pingouin, le manchot, oiseaux demi-poissons, se plonger dans les eaux et se mêler avec leurs habitans. L'anhinga, dont nous allons parler, nous offre l'image d'un reptile enté sur le corps d'un oi-seau ; son cou long et grêle à l'excès, sa petite tête cylindrique roulée en fuseau, de même ve-nue avec le cou, et effilée en un long bec aigu, ressemblent à la figure et même au mouvement d'une couleuvre, soit par la manière dont cet oi-seau étend brusquement son cou en partant de dessus les arbres, soit par la façon dont il le replie et le lance dans l'eau pour darder les pois-sons. »

Ces singuliers rapports ont également frappé tous ceux qui ont observé l'anhinga dans son pays natal (le Brésil et la Guiane) ; le plumage de sa tête et du cou n'en dérobe point la forme grêle ;

c'est un duvet serré et ras comme le velours ; les yeux d'un noir brillant, avec l'iris doré, sont entourés d'une peau nue ; le bec a sa pointe barbelée de petites dentelures rebroussées en arrière : le corps n'a guère que sept pouces de longueur, et le cou seul en a le double.

L'excessive longueur du cou n'est pas la seule disproportion qui frappe dans la figure de l'anhinga ; sa grande et large queue, formée de douze plumes étalées, ne s'écarte pas moins de la coupe courte et arrondie de celle de la plupart des oiseaux nageurs ; néanmoins l'anhinga nage et même se plonge tenant seulement la tête hors de l'eau, dans laquelle il se submerge en entier au moindre soupçon de danger, car il est très-farouche, et jamais on ne le surprend à terre ; il se tient toujours sur l'eau ; ou perché sur les plus hauts arbres le long des rivières et des lacs : il pose son nid sur ces arbres, et y vient passer toute la nuit ; cependant il est du nombre des oiseaux parfaitement palmipèdes, ayant les quatre doigts engagés par une membrane d'une seule pièce, avec l'ongle de celui du milieu dentelé intérieurement en scie. Ces rapports de conformation et d'habitudes naturelles semblent rapprocher l'anhinga des cormorans et des fous ; mais sa petite tête cylindrique et son bec effilé en pointe, sans crochet le distin-

guent et le séparent de ces deux genres d'oiseaux :
sa chair est ordinairement très-grasse, mais d'un goût
huileux désagréable.

LE SAVACOU.

LE savacou est naturel aux régions de la Guiane
et du Brésil : il a assez la taille et les proportions
du bihoreau, et par les traits de conformation,
comme par la manière de vivre, il paraîtrait avoi-
siner la famille des hérons , si son bec large et
singulièrement épaté ne l'en éloignait beaucoup ,
et ne le distinguait même de tous les autres oiseaux de rivage. Cette large forme de bec a fait
donner au savacou le surnom de *cuiller* : ce sont
en effet deux cuillers appliquées l'une contre l'autre par le côté concave ; la partie supérieure porte
sur sa convexité deux rainures profondes qui partent des narines, et se prolongent de manière que
le milieu forme un arrête élevé , qui se termine
par une petite pointe crochue ; la moitié inférieure
de ce bec, sur laquelle la supérieure s'emboîte ,
n'est, pour ainsi dire, qu'un cadre sur lequel est

tendue la peau prolongée de la gorge ; l'une et l'autre mandibule sont tranchantes par les bords, et d'une corne solide et très-dure, ce bec a quatre pouces des angles à la pointe, et vingt lignes dans la plus grande largeur.

Avec une arme aussi forte, qui tranche et coupe et qui pourrait rendre le savacou redoutable aux autres oiseaux, il paraît s'en tenir aux douces habitudes d'une vie paisible et sobre ; il semble s'éloigner par goût du voisinage de la mer : il se tient le long de la rivière où la marée ne monte point ; c'est là que, perché sur les arbres aquatiques, il attend le passage des poissons dont il fait sa proie, et sur lesquels il tombe en plongeant et se relevant sans s'arrêter sur l'eau ; il marche, le cou arqué et le dos voûté, dans une attitude qui paraît gênée, et avec un air aussi triste que celui du héron ; il est sauvage et se tient loin des lieux habités ; ses yeux, placés fort près de la racine du bec, lui donnent un air farouche ; lorsqu'il est pris, il fait craquer son bec, et dans la colère ou l'agitation, il relève les longues plumes du sommet de sa tête.

Il y a deux variétés de cet oiseau : le savacou brun et huppé, et le savacou gris.

L'OMBRETTE.

Lᴀ couleur de terre d'ombre, ou de gris-brun foncé des plumages de cet oiseau, lui a fait donner le nom d'*ombrette*. Il se trouve au Sénégal : sa grosseur est celle d'une corneille ; le mâle a une belle aigrette noire, qui ne se trouve pas chez la femelle. Il doit être placé comme espèce anomale entre les genres des oiseaux de rivage, car on ne peut pas le rapporter exactement à aucun de ces genres ; il pourrait approcher de celui des hérons, s'il n'avait un bec d'une forme entièrement différente, et qui même n'appartient qu'à lui ; ce bec très-large et très-épais près de la tête, s'allonge en s'aplatissant par les côtés ; l'arrête de la partie supérieure se relève dans toute sa longueur, et paraît s'en détacher par deux rainures tracées de chaque côté ; cette arrête rabattue sur le bout du bec, le termine en pointe recourbé : ce bec est long de trois pouces trois lignes ; le pied joint à la partie nue de la jambe a quatre pouces et demi : cette dernière partie seule a deux pouces. Les doigts sont engagés vers la racine par un commencement de membrane plus étendue entre le doigt extérieur et celui du milieu ; le doigt posté-

rieur n'est point articulé comme dans les hérons,
à côté du talon, mais au talon même.

LE JACANA.

CET oiseau est commun dans l'Amérique méridionale, à la Guiane, à Saint-Domingue, etc. Sa
grosseur est celle d'une poule d'eau ; il est remarquable par des éperons dont les ailes sont armées,
et par la longueur excessive de ses ongles, qui
sont droits et effilés comme des stylets, ou des
aiguilles ; c'est apparemment de cette forme particulière de ses ongles incisifs et poignans, qu'on
a donné au jacana le nom de *chirurgien*, sous
lequel il est connu à Saint-Domingue.

La tête, le cou et le devant du corps de cet
oiseau sont d'un noir teint de violet ; les grandes
pennes de l'aile sont verdâtres ; le reste du manteau est d'un beau marron pourpré, ou mordoré ;
chaque aile est armée d'un éperon pointu qui sort
de l'épaule, et dont la forme est exactement
semblable à celle de ses épines ou crochets, dont
est garnie la raie bouclée ; de la racine du bec

naît une membrane qui se couche sur le front , se divise en trois lambeaux , et laisse encore tomber un barbillon de chaque côté ; le bec est droit , un peu renflé vers le bout , et d'un beau jaune jonquille comme les éperons ; la queue est très-courte , et ce caractère , ainsi que ceux de la forme du bec , de la queue , des doigts et de la hauteur des jambes , dont la moitié est dénuée de plumes , conviennent également à toutes les espèces de ce genre.

Dans l'Amérique méridionale , on se sert des jacanas pour défendre les troupeaux des oiseaux de proie. Ils sont en état de combattre même le vautour ; ils n'abandonnent jamais le troupeau qu'on leur a confié , le conduisent aussi bien qu'un berger , et le ramènent sain et sauf à l'habitation de leur maître.

Telles sont les différentes espèces d'oiseaux aquatiques connues par les naturalistes ; mais d'après les découvertes continuelles des navigateurs et des voyageurs , il est présumable que beaucoup d'autres , non-seulement d'oiseaux aquatiques , mais d'oiseaux terrestres , nous sont encore inconnues , et qu'on finira par les découvrir un jour.

FIN DU TOME QUATRIÈME.

TABLE DU TOME QUATRIEME.